数学
高分
魔法书

〔日〕间地秀三◎著　赵海天◎译

北京日报出版社

图书在版编目（ＣＩＰ）数据

数学高分魔法书 /（日）间地秀三著；赵海天译
. -- 北京 : 北京日报出版社，2021.8
　　ISBN 978-7-5477-3983-9

　　Ⅰ. ①数… Ⅱ. ①间… ②赵… Ⅲ. ①数学—普及读
物 Ⅳ. ① O1-49

中国版本图书馆 CIP 数据核字 (2021) 第 096225 号
北京版权保护中心外国图书合同登记号：01-2021-2514

KAIKAN SUGAKU DRILL
Omowazu Otona mo Bottousuru Bunshoudai to Zukei no Mondai
Copyright © 2020 Syuzo Maji
Art work: Kunimedia co.,ltd / Illustrations: Masakazu Yasuda
Originally published in Japan by SB Creative Corp.Chinese (in simplified character only)
translation rights arranged with
SB Creative Corp., Tokyo through CREEK & RIVER Co., Ltd.

数学高分魔法书

出版发行：北京日报出版社
地　　址：北京市东城区东单三条 8-16 号东方广场东配楼四层
邮　　编：100005
电　　话：发行部：（010）65255876
　　　　　　总编室：（010）65252135
印　　刷：天津创先河普业印刷有限公司
经　　销：各地新华书店
版　　次：2021 年 8 月第 1 版
　　　　　　2021 年 8 月第 1 次印刷
开　　本：880 毫米 ×1230 毫米　　1/32
印　　张：6
字　　数：150 千字
定　　价：39.80 元

前言

在日常生活中，我们只是正常地走路、跑步，也能在一定程度上增强体质。但如果不尝试改变行走路线，摸索新的运动方式，或者参加体育比赛，可能很快便感受不到"干劲儿"。

这就像是一直做一些简单的计算题，往往会逐渐麻木、厌烦。那么如果解答一些应用题与图形题会不会更容易获得"头脑清晰的感觉""智慧带来的喜悦"呢？

不管算术（本书中主要指四则运算）与数学有趣与否，它们的分界清晰。能够理解问题并且顺利地解决问题，就会感到有趣，这是人之常情，孩子与大人的感受是一样的。

另一方面，大家在小学多半只学习简单的计算，即使运算错误、对此感到厌烦，应该也没多少"招架不住"的问题。

然而，初中入学后碰到的数学问题不同。即使是大人，也会有无法解答的难题。在此时受到挫折，或者是进入初中，算术变成数学后，对此感到困难，认为没意思的读者，想必有很多吧！

远离算术与数学很久后再次进行解答时，发现自己能轻而易举地解开初中入学考试程度的问题，这时候认为自己不擅长数学的主观意识就会变淡，进而觉得数学有趣，想要挑战更多。

本书共 27 个主题，每个主题的第 1 问只需稍微思考，或者看一下"解题方法"便可明白。从第 2 问开始，是需要"挑战"的题目。这种设计方式是为了让读者保持一种节奏良好的游戏感，进而乐在其中。

此外，为了让读者能够直观理解，作者加入了图解来进行说明。若能掌握巧妙的解题原理与辅助图解，那么新手也能轻而易举地解开题目吧。作为一种尝试，作者还在卷末设置了"即刻挑战"栏目。

作者设计的每道题都以利用数与图形的基本性质、方便解答为中心，没有使用复杂的公式。

关于"不明白的数"，比起小学生风格的"□"，本书采用了很多成年人风格的"x"。以前都是在初中阶段学习 x，但现在，有的国家在小学六年级左右便会学到 x。

从严格意义上来讲，□ 与 x 不是同一事物，但在这本书中，可以把它们当成同一事物。

在做本书中的练习题时，希望读者们可以抱着给大脑做体操的想法来尝试。利用空闲时间，每天一个主题，一段时间后，你便能感到"头脑更清晰了"。

致年轻的读者们

本书面向中小学生，也面向成年人。

如果出现较难的汉字，请询问您家里的人，或者查阅字典。

在学校测试中回答问题时，采用平常老师教授的书写方式吧。您自己画图解答时，可以不用上色。尽可能使用简单的图吧。

目 录

下列三个式子同时成立时，○代表的数字是多少？

$$\begin{cases} ○ + □ = 33 \\ ♥ + ♥ = 18 \\ □ + ♥ = 24 \end{cases}$$

解题方法

做任何事情的基本要义都是"从会做的部分开始，依次进行"。本题中最直观的线索是"♥=18÷2=9"。

接下来则是□=24−9=15，○=33−15=18，顺藤摸瓜地求解。

答案　18

三角形的角度

x 的度数是多少?

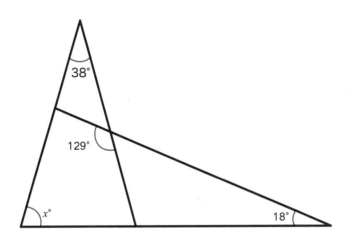

提示

注意角度的总和!

解题方法

　　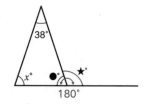

三角形内角和为 180°，　　　　平角为 180°，

因此 $x° + 38° + ● = 180°$ 。　　因此 $★° + ● = 180°$ 。

对比上述两式，可得 $x° + 38° = ★°$ 。即，若求出 $★°$ ，也可知 $x°$ 。

这里来注意下图的蓝色三角形吧。

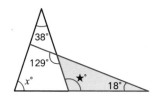

与最初的三角形相同，$★° + 18° = 129°$ ，因此，

$★° = 129° - 18°$

$\quad = 111°$

由此得知上述的 $x° + 38°$ 等于 $111°$ ，因此，

$x° = 111° - 38°$

$\quad = 73°$

答案　73°

挑战①

x 的度数是多少?

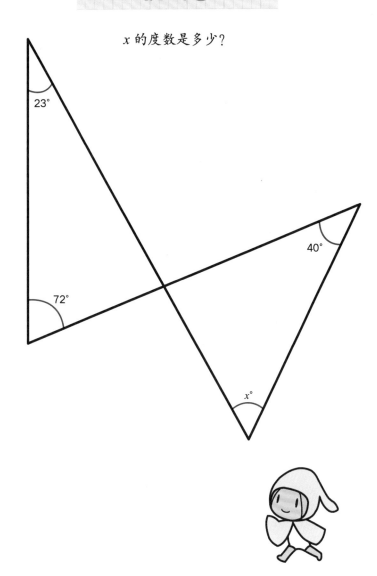

003

解题方法

根据第 1 题的解题方法可知，右图中，$■° + ▲° = ★°$，我们将 $★°$ 表示的角称为外角。此问题也需要注意外角。

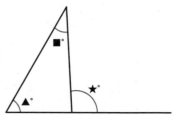

那么，来看下图的蓝色三角形吧。

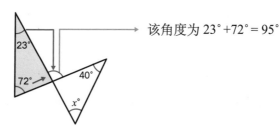

该角度为 $23° + 72° = 95°$

然后，注意下图的黄绿色三角形。

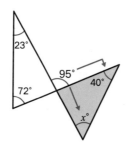

$$x° + 40° = 95°$$
$$x° = 95° - 40°$$
$$= 55°$$

答案　55°

挑战②

x 的度数是多少?

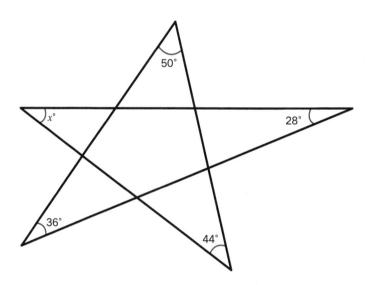

解题方法

首先，注意下图的蓝色三角形。

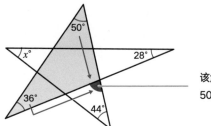

该角度为
50°+36°=86°

然后，注意下图的黄绿色三角形。

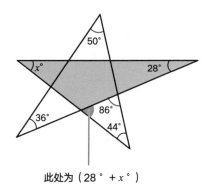

此处为（28°＋x°）

三角形内角和为180°，因此，

$$(28° + x°) + 44° + 86° = 180°$$
$$x° = 180° - 28° - 44° - 86°$$
$$= 22°$$

答案　22°

分配计算

将 3500 日元分给 A 与 B。

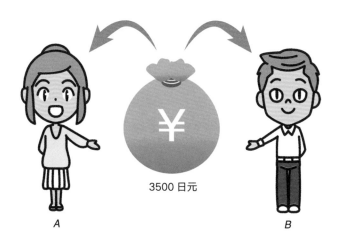

3500 日元

A的钱数比 B 的钱数的 4 倍多 500 日元。

请问，B 分到了多少钱？

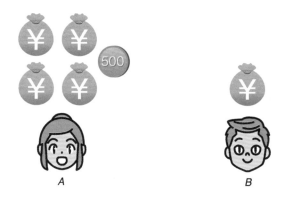

本题的有趣之处在于"4 倍"与"多 500 日元"的组合。这类计算被称为"分配计算"，只需将本题转换成下面的线段图，就能轻松搞定。

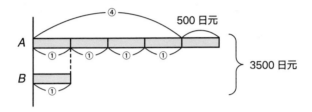

500 日元是不是看着有些多余？我们把它剪掉吧。

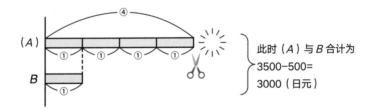

如此一来，关系便清晰了。B 分到的钱数的 5 倍为 3000 日元，所以 B 分到的钱数为

$3000 \div 5 = 600$（日元）。

答案　600 日元

下图是周长为 50 厘米的长方形。
长方形的长比宽多 3 厘米。
请问，该长方形面积是多少?

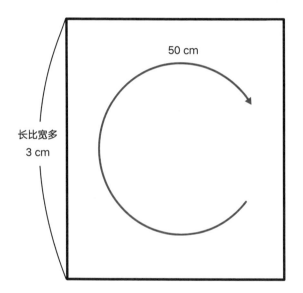

50 cm

长比宽多
3 cm

解题方法

因为长方形由长与宽各两条线段组成，所以将周长平分，便得到
"长＋宽"的长度。即长与宽的长度和为

50÷2=25（厘米）。

转换为线段图：

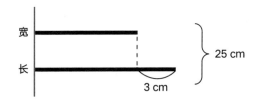

是不是比上一题简单？剪掉多余的 3 厘米。

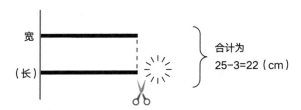

那么，宽的长度为 22÷2=11（厘米）。长比宽多 3 厘米，因此长
为 11+3=14（厘米）。故面积为

11×14=154（平方厘米）。

答案　154 平方厘米

挑战②

现有 3 条胶带，颜色分别是红色、蓝色、黄色。

已知红色胶带比蓝色胶带短 15 厘米，

黄色胶带比红色胶带长 30 厘米，

蓝色胶带与黄色胶带的长度和为 315 厘米。

请问，红色胶带的长度为多少厘米？

先画个线段图。

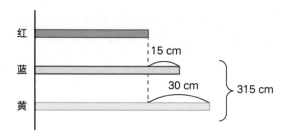

15 厘米与 30 厘米是不是显得很多余？我们把它们剪掉吧。

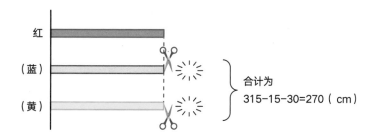

通过上图可知，红色胶带的长度为 270÷2=135（厘米）。

答案　135 厘米

如果此问题为计算黄色胶带的长度，而非红色胶带，那么将蓝色胶带与黄色胶带作对比，给蓝色胶带增加不足的部分，即 30−15=15（厘米），便可算出。

3 顺藤摸瓜计算面积

下图为由长方形构成的图形，
每个图形中的数字表示该色块长方形的面积。
请问，▨ 的面积是多少？

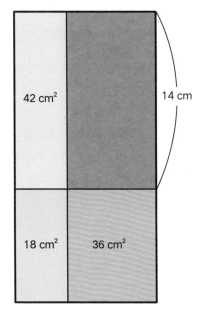

42 cm²

14 cm

18 cm²　　36 cm²

提示

从自己知道的部分开始，不断填写在图中吧！

"长方形面积＝长 × 宽"，因此，如果知道长方形的面积以及长或宽中的一个，便可知另一个的长度。如下左图，即可推出右图。

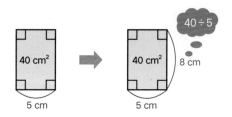

瞧！这样一来，就知道了长。即便是长、宽颠倒，长度与面积发生变化，基本内容也相同。

此外，存在对比某部分之间的比例从而得出长度的情况时，请看下图，长相同，因此，面积变大 2 倍，则宽也需要变大 2 倍。

在考虑面积问题时，如果两个图形的长度或宽度的形状相同，那么仔细观察，便可看出一些规律。

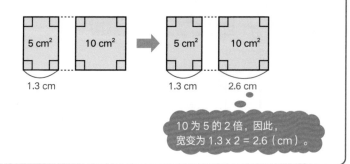

10 为 5 的 2 倍，因此，宽变为 1.3 x 2 = 2.6（cm）。

解题方法

起初，你或许会感觉解答问题的线索不多。但仔细看图，便可注意到 14 厘米。下述情况可以省略，即"即便不求出其长度，也可以得知其他部分未写出的长度"。

总之，只要一直填写自己知道的部分，就能顺藤摸瓜地得出答案。

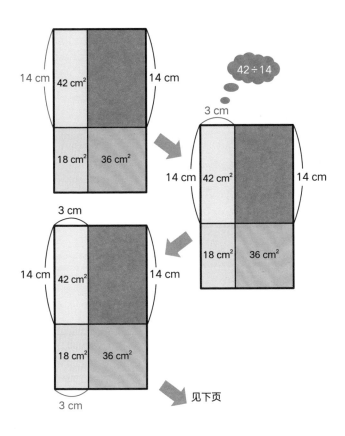

见下页

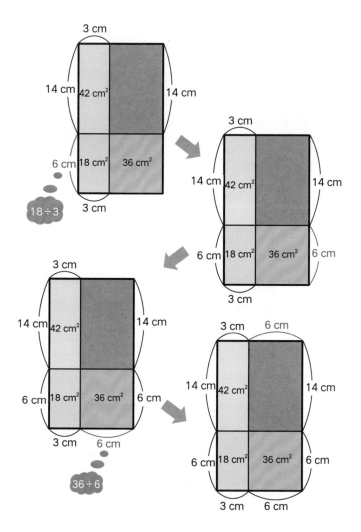

所以，▓的面积为 14×6=84（平方厘米）。

下图为由长方形构成的图形，
每个图形中的数字表示该部分长方形的面积。
请问，▉的面积是多少?

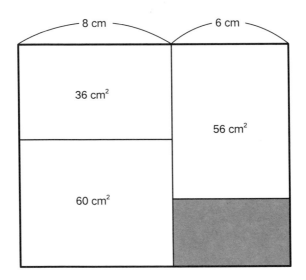

解题方法

参照上一题，一个一个地填写即可，如果看到纵长相同的长方形（即下图黄绿色与蓝色围成的长方形），从这里展开计算，那么就会很容易求出图形面积。

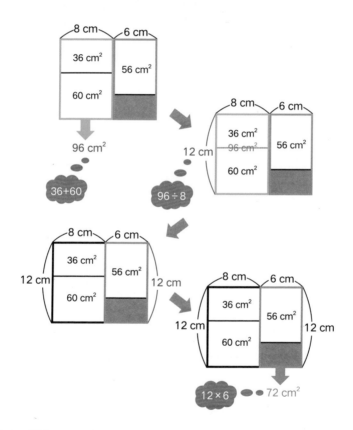

所以，██ 的面积为 72−56=16（平方厘米）。

挑战②

下图为由长方形构成的图形，
每个图形中的数字表示该部分长方形的面积。
请问，▨面积是多少？

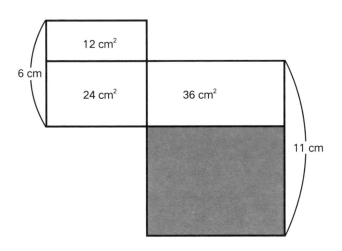

解题方法

还是从自己知道的部分进行填写。

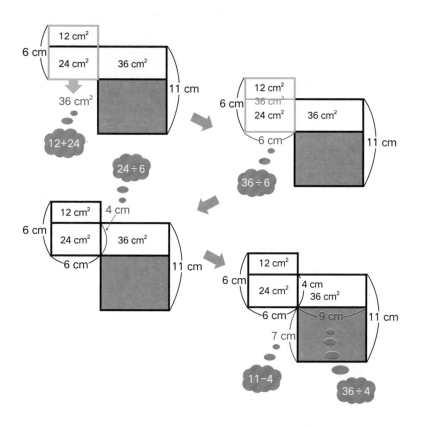

所以，■ 的面积为 7 × 9=63（平方厘米）。此外，除上述解法，此题还有根据面积比（见第 14 页）进行求解的方法。

答案　63 平方厘米

4 虫蛀算术的黄金准则

请在方框内填入 0~9 的合适的数字，使算式成立。

$$
\begin{array}{ccccc}
 & & \square & \square & \\
\times & & \square & \square & \\
\hline
 & 1 & 1 & \square & \\
\square & \square & \square & & \\
\hline
\square & 2 & \square & 1 & \\
\end{array}
$$

提示

从哪里入手比较好呢？

这是线索少且不好处理的虫蛀算术。这类乘法或除法的虫蛀算术的提示实际上就是没有提示。我们可以按照以下步骤来进行分析：

①从自己知道的部分开始填写。
②检查能否用质数（指2、3、5、7、11、13这类数）来整除。
③按照1、2、3的顺序来尝试。

②里的质数是指只能用数字本身与1来整除的大于1的自然数。比如4可以用2来整除，6可以用2和3来整除，因此4和6不是质数。顺便一提，这里谈的是"整数"，不考虑分数与小数等。

那么，在虫蛀算术里，比如将某数与某数相乘得到91时，检查91能否用质数整除，即用91来除以2、3、5、7。可以知道，用质数7可以整除，便可得到91=7×13。

这种方式是解虫蛀算术的关键所在。之后，可以用质数以外的数字依次检查。但是，小的质数，比如用2整除之后，再确认一两遍能否用2整除即可。减少漏看。

③是老老实实地动手计算的步骤。这是没有线索时的最后手段。

现在，赶快用这三个步骤来进行计算吧。

解题方法

从自己知道的部分进行填写。

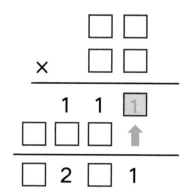

其次，检查能否用质数整除。111 不能用最小的质数 2 整除，用下一个质数 3 整除。111=3×37，111 无法被其他数来整除。则填入 3 与 37。

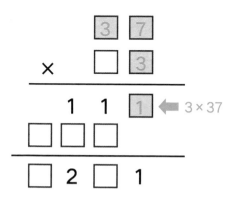

然后，只要知道下面□内的数字，就能解出答案。

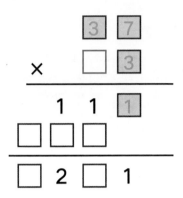

最后，用1、2、3……依次来尝试。用1与2立刻就会卡住，用3
来尝试，就能进行下去。

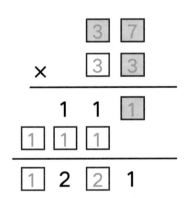

挑战①

请在方框内填入 0~9 的合适的数字，使算式成立。

解题方法

首先，从自己知道的部分进行填写。从个位开始看，有一个□需要填写。

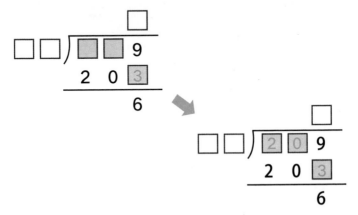

其次，检查能否用质数整除。用 203 除以质数 2、3……就会发现可以用 7 来整除，203=7×29，正好合适。

$$7 \times 29$$

026

请在方框内填入 0~9 的合适的数字，使算式成立。

$$
\begin{array}{r}
\square\ \square\ \square \\
\times\quad\square\ \square \\
\hline
3\ 0\ \square \\
\square\ \square\ \square \\
\hline
5\ \square\ \square\ 3
\end{array}
$$

解题方法

首先，从自己知道的部分进行填写。

其次，检查能否用质数来整除 303。用 2 不能整除，而用 3 就能整除，303=3×101。

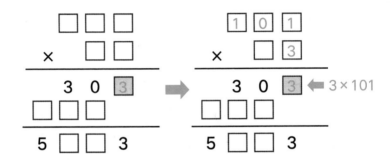

最后，依次用 1、2、3……来试着填入下图的□中。或者从 5 开始填写，就能轻松搞定。

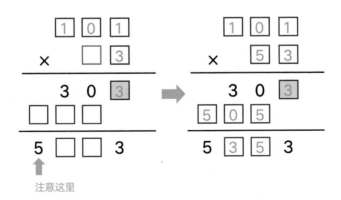

注意这里

5 龟鹤计算

仙鹤与乌龟一共 12 只。

它们脚的数量一共 40 只。

请问，仙鹤与乌龟分别有多少只呢？

提示

不用建立联立方程式就能解答此题。

仙鹤与乌龟的区别在于是否有前脚！

（见上图，已给乌龟的前脚戴上手套来加以区别）

解题方法

这种计算叫作"龟鹤计算"。这种思考方式，即"如果全都是仙鹤（或乌龟）"是固定模式，但如果提前掌握仙鹤与乌龟的不同之处，就不用进行假定。

仙鹤有两只后脚，乌龟有两只后脚与两只前脚。已知乌龟和仙鹤共 12 只，因此可以立刻求出乌龟和仙鹤后脚的总数。然后从全部的脚数中减去后脚的总数，留下的是乌龟的前脚数量，已知每只乌龟有两只前脚，因此就能算出来有多少只乌龟了。稍微有些难以想象吧？

将它们的后脚用鞋子表示，前脚用手套表示，然后整理成图。

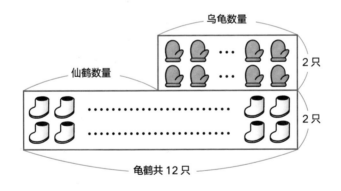

鞋子数量即 2 与龟鹤总数相乘，因此鞋子数量为 2×12=24（只）。已知鞋子与手套的数量共 40 只，因此手套数量为 40−24=16（只）。每只乌龟使用 2 只手套，因此乌龟的数量为 16÷2=8（只），仙鹤数量为 12−8=4（只）。

答案　仙鹤为 4 只，乌龟为 8 只

可容纳 3 人的桌子能坐下 3 个大人，
可容纳 5 人的桌子能坐下 3 个大人与 2 个孩子。
现在一共有 20 桌，
共坐了 70 人，处于满员状态。
请问，可容纳 5 人的桌子有多少桌？

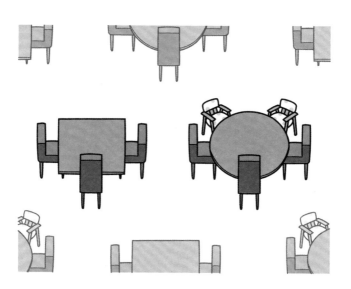

解题方法

本问题和龟鹤计算问题相同。两种桌子的不同之处在于孩子用的两把椅子的有无。设想一下两种桌子使用的大人用的椅子与孩子用的椅子，如下图所示。

只有 3 个大人　　　　　　　3 个大人与 2 个孩子

已知共有 20 张桌子，70 把椅子。那么，试着排列所有的椅子吧。

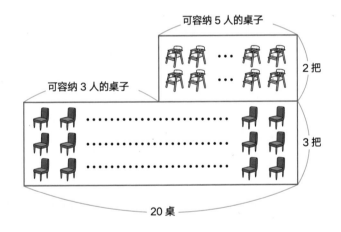

首先，从上图能知道大人人数：20×3=60（人）。大人与孩子合计为 70 人，因此孩子人数为 70-60=10（人）。每桌可容纳 5 人的桌子能坐下 2 个孩子，因此可容纳 5 人的桌子为 10÷2=5（桌）。

答案　5 桌

沙纪在超市购买了 100 日元和 150 日元
两种不同单价的点心。

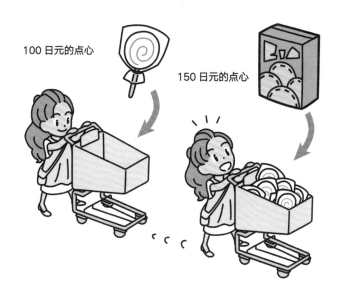

100 日元的点心

150 日元的点心

一共买了 10 个,支付了 1150 日元。
请问,100 日元和 150 日元的点心她各自购买了几个?

稍微变难了。这里还是需要注意两种点心的不同，不同之处在于价格。按下图进行替换就好懂了。

点心共 10 个，合计 1150 日元，试着排列下使用的钱吧。与之前的龟鹤计算相同。

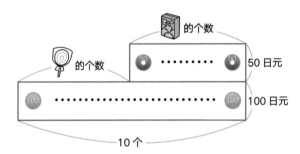

100 日元硬币的总金额为 100×10=1000（日元）。100 日元硬币的总金额与 50 日元硬币的总金额一共是 1150 日元，因此，50 日元硬币的总金额为 1150−1000=150（日元）。

则 150 日元的点心数量为 150÷50=3（个），100 日元的点心数量为 10−3=7（个）。

答案　150 日元的点心为 3 个，100 日元的点心为 7 个

6 电车通过计算

长 120 米的电车通过长 880 米的隧道。

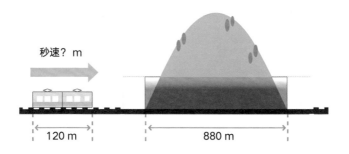

秒速? m

120 m   880 m

从开始进入到完全通过，共花费 40 秒。

请问，该电车以秒速多少米在行驶?

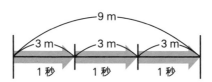

这种计算被称为"通过计算"，容易被电车长度迷惑。但想象一下处在电车头的驾驶员，就容易理解了。

经过转换，如下图所示。

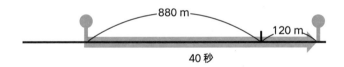

已知电车 40 秒前进了（880+120）米，

所以，电车的秒速为（880+120）÷40=25（米）。

答案 秒速 25 米

长 150 米的电车以秒速 25 米通过隧道。

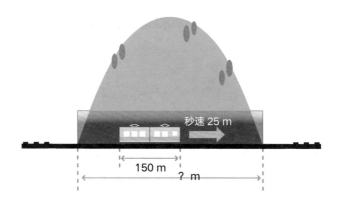

秒速 25 m

150 m

? m

电车完全进入隧道的时间为 30 秒。

请问，隧道长度为多少米？

完全进入隧道是指从下图中上侧图片的状态到下侧图片的状态。

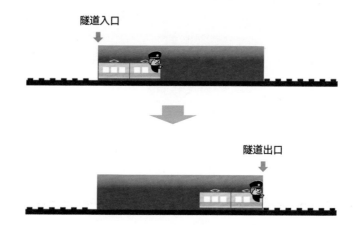

经过转换，如下图所示。

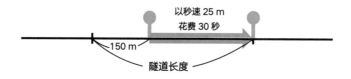

根据上述内容，隧道长度为

150+25×30=900（米）。

一男孩看到长 320 米的电车行驶在铁道上。

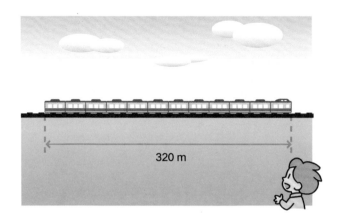

320 m

电车完全经过男孩面前花费了 16 秒。

请问，该电车以秒速多少米在行驶?

（与电车相比，男孩非常小，

因此设定该男孩没有宽度。）

实际上，男孩 "没有宽度"，是提示我们别过于关注男孩，想象
一下电车的前头（驾驶员）的状况。

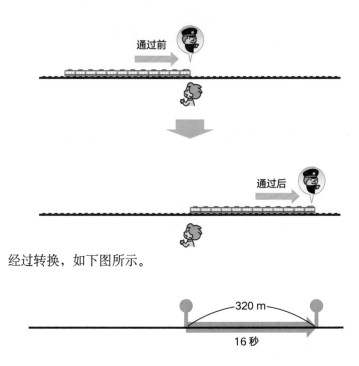

经过转换，如下图所示。

该电车秒速为 320÷16=20（米）。

答案　秒速20米

7 多边形的面积

请问，蓝色部分的面积是多少？

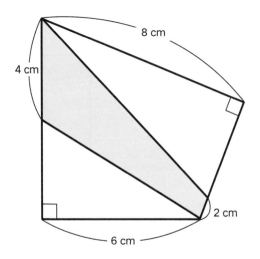

8 cm

4 cm

2 cm

6 cm

有各种求复杂图形面积的问题，首先看下面两种类型的解法。

类型 1 分成几部分

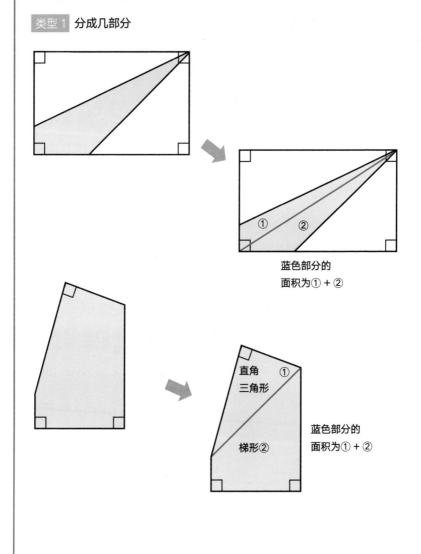

蓝色部分的
面积为① + ②

直角
三角形 ①

梯形②

蓝色部分的
面积为① + ②

加上，再减去

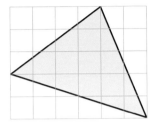

加上周围部分，
让整体变成梯形

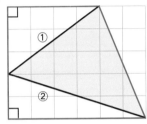

蓝色部分面积为红线围起来的
梯形面积 − ① − ②

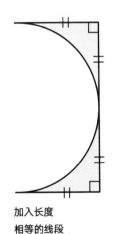

加入长度
相等的线段

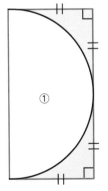

蓝色部分面积为红线围起来的
长方形面积 − ①

解题方法

回到该题。这个问题属于"分成几部分"的解法类型。画出下图的红线（辅助线）来进行划分。

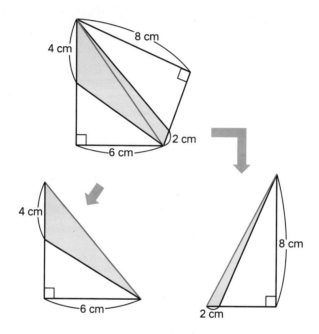

三角形面积为"底边 × 高 ÷ 2"，故所求的面积为

$(4 \times 6 \div 2) + (2 \times 8 \div 2) = 12 + 8 = 20$（平方厘米）。

答案　20 平方厘米

044

请问，蓝色部分的面积是多少?

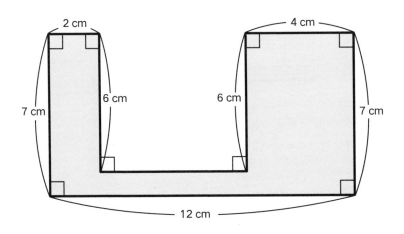

解题方法

这个问题用两种类型中的任何一种都能解答。

先用"分成几部分"的类型进行解答。

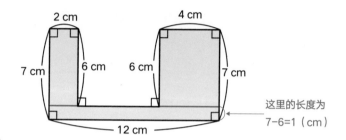

这里的长度为
7-6=1（cm）

蓝色部分的面积是三个长方形的面积之和：

$6 \times 2 + 1 \times 12 + 6 \times 4 = 12 + 12 + 24 = 48$（平方厘米）。

接下来用"加上，再减去"的类型进行解答。

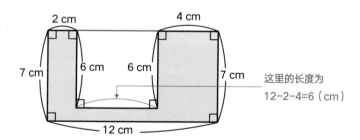

这里的长度为
12-2-4=6（cm）

蓝色部分的面积是从大的长方形面积中减去正方形的面积：

$7 \times 12 - 6 \times 6 = 84 - 36 = 48$（平方厘米）。

答案相同，但第二种解法的算式更短。

答案　48平方厘米

请问，蓝色部分的面积是多少？

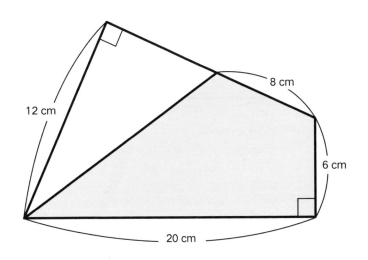

这次用"分成几部分"的类型解题会简便一些。

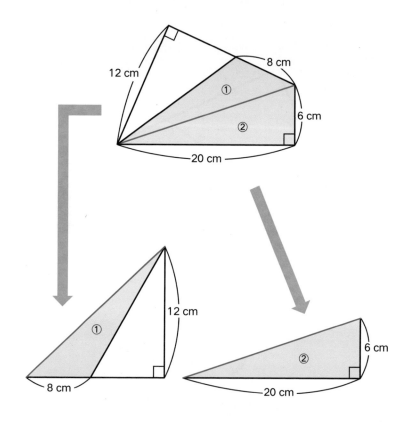

蓝色部分面积为

①＋②＝（8×12÷2）＋（6×20÷2）＝48＋60＝108（平方厘米）。

挑战③

请问，蓝色部分面积是多少？

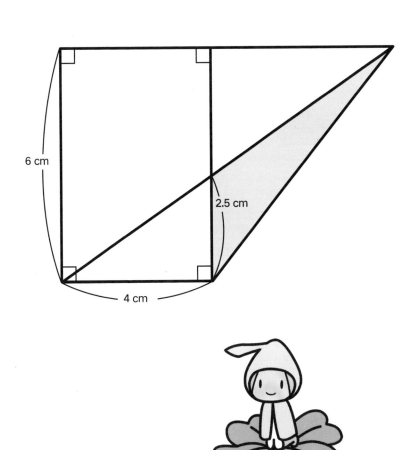

▌解题方法

观察并思考能立刻知道面积的部分怎样计算吧！可以用"加上，
再减去"的思路解题。

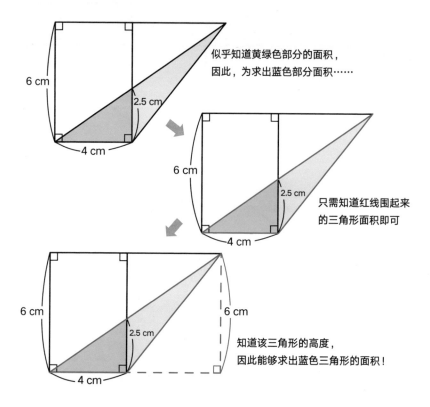

似乎知道黄绿色部分的面积，
因此，为求出蓝色部分面积……

只需知道红线围起来
的三角形面积即可

知道该三角形的高度，
因此能够求出蓝色三角形的面积！

蓝色部分的面积 = 红线围起来的三角形面积 − 黄绿色三角形面积

$= 4 \times 6 \div 2 - 4 \times 2.5 \div 2$

$= 12 - 5$

$= 7$

答案　7平方厘米

8 牛顿计算

A 君钱包里现在只有 26000 日元。

26000 日元

从今天开始，A 君每天打工赚取 4000 日元，
同时每天花去 6000 日元。

4000 日元

6000 日元

请问，A 君将在第几天花光钱包里的钱?
（设今天为第一天）

解题方法

这种计算被称为"牛顿计算"。科学家牛顿在大学当教授时曾经遇到过这种计算，遗留在其讲义笔记里的问题为最初版本。当时的问题是"求有几头牛时，牧草地里的牧草可以在一定天数内被吃完"。

在本问题中，钱包中的钱每天减少：
6000−4000=2000（日元）。

进入 4000 日元

花出 6000 日元

结果是减少 2000 日元

这是牛顿计算的要点。每天减少 2000 日元，
需要 26000÷2000 = 13（天），方可减少 26000 日元。

答案　第 13 天

挑战①

真希先往水槽里注入 600 升的水。

600 L

然后在保证每分钟注入一定量的水的同时，往外排 60 升水。

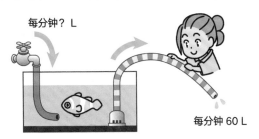

每分钟？L

每分钟 60 L

经过 15 分钟，水槽排空了。

请问，每分钟注入多少升水？

设每分钟注入 x 升水。

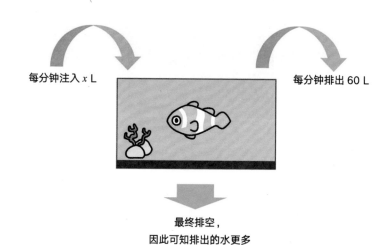

每分钟注入 x L   每分钟排出 60 L

最终排空，
因此可知排出的水更多

因此，每分钟减少（$60 - x$）升水。15 分钟减少的量为
（$60 - x$）×15（升）。

该水槽共有 600 升水，因此

$$（60 - x）×15 = 600$$
$$60 - x = 600 ÷ 15$$
$$60 - x = 40$$
$$x = 60 - 40$$
$$= 20$$

答案　20升

某电影院开场前，有 120 人在排队。

开场后，每分钟从一个入口进场一定人数的同时，

有 6 人加入排队队列。

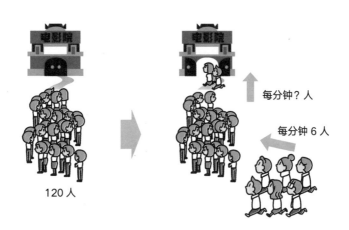

每分钟? 人

每分钟 6 人

120 人

10 分钟后，所有人都进入电影院。

请问，每分钟从入口进场多少人?

解题方法

设开场后，每分钟进入电影院的人数为 x。

每分钟 x 人从队列中离开

每分钟 6 人加入排队队列

最终，所有人都进入电影院，
因此离开的人数更多

队列减少的人数为每分钟 $(x-6)$ 人。
10 分钟减少的人数为 $(x-6) \times 10$（人）。

开场时，队列总人数为 120 人，因此

$$(x-6) \times 10 = 120$$
$$x - 6 = 120 \div 10$$
$$x - 6 = 12$$
$$x = 12 + 6$$
$$= 18$$

答案　18 人

挑战③

A 小姐打算辞掉现在的工作，
一边打工一边学习新工作所需的知识。
通过打工，每天收入 6000 日元。

6000 日元

另一方面，每天学习与生活会花掉 7500 日元。

7500 日元

最后，A 小姐发现取出的存款只花了 300 天。

只花了 300 天，
空空如也！

请问，A 小姐的存款有多少？

本题与牛顿计算问题相同。

每天存款余额减少 7500−6000 = 1500（日元）。

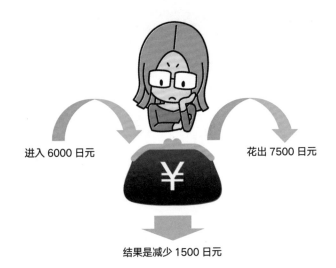

进入 6000 日元　　　　　花出 7500 日元

结果是减少 1500 日元

于是，300 天减少的金额为 1500 × 300 = 450000（日元）。

这是 *A* 小姐当初的存款金额。

来验算一下。从 450000 日元中，每天减少 1500 日元，于是得 450000 ÷ 1500 = 300（天）。答案符合题目设定。

<u>答案　450000 日元</u>

9 各种平均计算

A 君、B 君、C 君的平均体重为 61 千克。

C 君的体重为 57 千克。

A 君与 B 君的平均体重为多少千克?

这种计算被称为"平均计算",这种问题并不算难。"平均数 = 总数 ÷ 个数",知道平均数与个数后,可立刻求出总数。将这一点铭记于心。

A 君、B 君、C 君的平均体重为 61 千克,因此可以立刻得知三人的体重总数:$61 \times 3 = 183$(千克)。

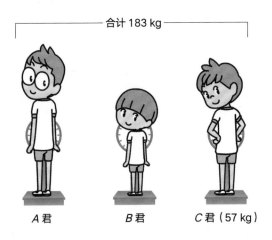

合计 183 kg

A 君　　　　B 君　　　　C 君（57 kg）

已知 C 君体重为 57 千克,根据上图可以求出 A 君与 B 君的体重总数为 $183 - 57 = 126$（千克）。

因此,A 君与 B 君的平均体重为 $126 \div 2 = 63$（千克）。

答案　63 千克

挑战①

A 与 B 都买了彩票。

最后的中奖金额 B 比 A 多了 5400 日元，

A 与 B 平均中奖金额为 12300 日元。

请问，A 与 B 各自的中奖金额为多少？

平均 12300 日元

A

B

比 A 多 5400 日元

解题方法

A 与 B 两人中奖的平均金额为 12300 日元，易知两人的总金额：

$$12300 \times 2 = 24600（日元）。$$

因此，可以画出下图。

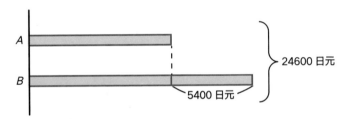

对该图有印象吧（见第 8 页的计算）。是的，把看着多余的部分 5400 日元剪掉。

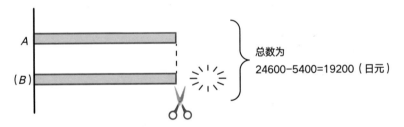

由上图可知，A 的中奖金额为 $19200 \div 2 = 9600$（日元），

B 的中奖金额为 $9600 + 5400 = 15000$（日元）。

答案　A 为 9600 日元，B 为 15000 日元

挑战②

老师举办了一场数学测试。

结果如下：A、B、C 的平均分数为 82 分，

B 比 C 多 6 分，

A 比 B 多 3 分。

请问，C 的成绩是多少分?

平均 82 分

A
比B多3分

B
比C多6分

C

A、B、C 三人的平均分数为 82 分，可知三人的总分数为 $82 \times 3 = 246$（分）。

因此，可以画出下图。

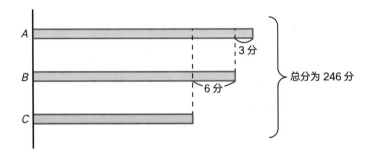

接着，以 C 的分数为基准，剪掉多出来的部分。

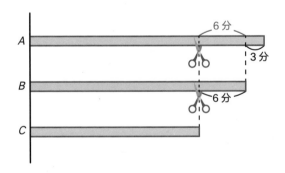

剪掉后可得 $246 - (6+3) - 6 = 231$（分），

等于 C 的分数的 3 倍。即 C 的分数为 $231 \div 3 = 77$（分）。

答案　77 分

存在共同部分的图形
（基础篇）

半径 3 厘米的扇形与长方形组合，如下图。

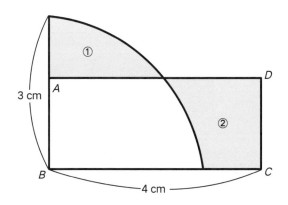

已知①与②的面积相等。

请问，线段 *CD* 的长度为多少厘米？

（设圆周率为 3.14）

解题方法

①与②的面积相等时，下式成立：

①的面积 + 共同部分的面积 = ②的面积 + 共同部分的面积 。

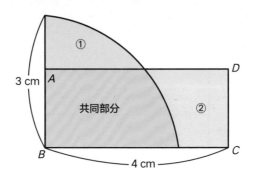

即扇形面积与长方形的面积相等。

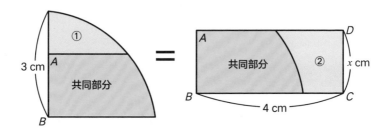

设线段 CD 的长度为 x 厘米，则

$$3 \times 3 \times 3.14 \times \frac{90°}{360°} = 4 \times x$$

$$x = 3 \times 3 \times 3.14 \times \frac{90°}{360°} \div 4$$

$$= 1.76625$$

答案　1.76625 厘米

直径 12 厘米的半圆与直角三角形组合，如下图。

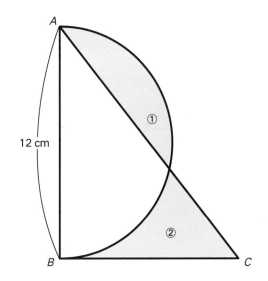

已知①与②的面积相等。

请问，线段 *BC* 的长度为多少厘米?

(设圆周率为 3.14)

解题方法

①与②的面积相等，则

①的面积 + 共同部分的面积 = ②的面积 + 共同部分的面积。

可知半圆与直角三角形的面积相等。

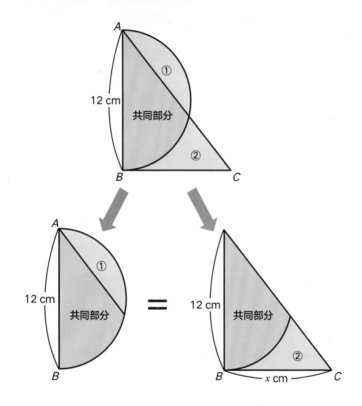

设线段 BC 的长度为 x 厘米，则

$$6 \times 6 \times 3.14 \div 2 = x \times 12 \div 2$$

$$x = 9.42$$

答案 9.42 厘米

挑战②

如下图所示，
用两条线段将边长 12 厘米的正方形分成四部分。

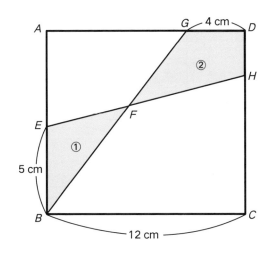

已知①与②的面积相等。

请问，线段 HC 的长度为多少厘米？

解题方法

①与②的面积相等，

①的面积 + 共同部分的面积 = ②的面积 + 共同部分的面积 。

可知正方形里的梯形 *GDCB* 和梯形 *EHCB* 面积相等。

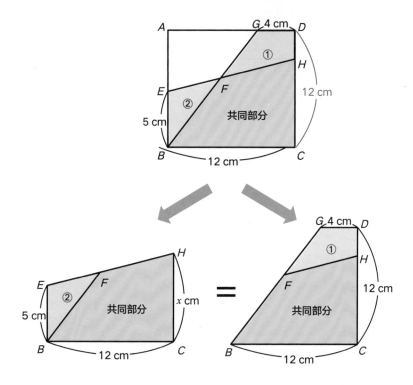

设线段 *HC* 的长度为 *x* 厘米，则

$$(5+x) \times 12 \div 2 = (4+12) \times 12 \div 2$$
$$5+x = 4+12$$
$$x = 4+12-5$$
$$= 11$$

答案　11 厘米

070

11 如何计算工作量？

现有一份工作，A 需要 12 小时完成，
A 与 B 一起做，两人用 4 小时即可完成。

A 需要 12 小时

A 与 B 需要 4 小时

请问，如果 B 进行该工作，需要多少时间？

B 需要多少时间？

解题方法

这种计算被称为"工作计算"。问题中的工作全部用"时间"表示,那我们就以时间为基准进行思考吧。

A 单独进行工作,需要 12 小时,A 1 小时可以完成该工作的 $\frac{1}{12}$。A 与 B 共同进行工作时,也按照相同思路去思考。

A
12 小时→工作的全部
1 小时→工作的 $\frac{1}{12}$

A 与 B
4 小时→工作的全部
1 小时→工作的 $\frac{1}{4}$

A 与 B 共同工作,可以在 1 小时内完成更多工作。1 小时内 A 单独工作与 A、B 共同工作的工作量差便是 B 单独进行工作 1 小时可以完成的工作量。

B 在 1 小时内,可以完成工作的

$$\frac{1}{4} - \frac{1}{12} = \frac{3}{12} - \frac{1}{12} = \frac{2}{12} = \frac{1}{6}$$,B 用 6 小时可完成该工作。

B
? 小时→工作的全部
(工作的100%,即"1")
1 小时→工作的 $\frac{1}{6}$

实际上,根据 $1 \div \frac{1}{6} = 1 \times \frac{6}{1} = 6$(小时)的计算方式,也可以在最开始将工作整体设为 1 来进行求解。

完成某工作，田中需要 60 分钟，
山田需要 30 分钟，山本需要 20 分钟。
请问，若该工作由三人一起完成，
则需要多少分钟？

田中需要 60 分钟　　　山田需要 30 分钟　　　山本需要 20 分钟

三人需要多少分钟？

解题方法

和上一题不同，本题不是两人一起工作，而变成了三人。我们设工作量整体为 1 来思考。

> 田中
>
> 60 分钟 →"1"的工作量　　1 分钟 →"$\frac{1}{60}$"的工作量

> 山田
>
> 30 分钟 →"1"的工作量　　1 分钟 →"$\frac{1}{30}$"的工作量

> 山本
>
> 20 分钟 →"1"的工作量　　1 分钟 →"$\frac{1}{20}$"的工作量

由上图可知三个人在 1 分钟能够完成的工作量是

$$\frac{1}{60}+\frac{1}{30}+\frac{1}{20}=\frac{1}{60}+\frac{2}{60}+\frac{3}{60}=\frac{6}{60}=\frac{1}{10} \quad 。$$

因此，该工作若由三人一起来做，需要 $1 \div \frac{1}{10}=1 \times \frac{10}{1}=10$（分钟）。

答案　10 分钟

制造某产品时，*A* 单独做需要 8 小时，
B 单独做需要 10 小时。

A 需要 8 小时

B 需要 10 小时

两人一起工作了 3 小时后，
由 *B* 完成剩下的工作。
请问，*B* 完成剩余工作的时间是多少小时多少分钟？

A 与 B 共同工作 3 小时

由 B 完成剩下的
工作需要多少时间？

解题方法

我们将工作量整体设为 1，则如下图所示。

A
8 小时→ "1" 的工作量　　1 小时→ " $\frac{1}{8}$ " 的工作量

B
10 小时→ "1" 的工作量　　1 小时→ " $\frac{1}{10}$ " 的工作量

由上图可知 A 与 B 共同工作，1 小时内可以完成

$\frac{1}{8}+\frac{1}{10}=\frac{5}{40}+\frac{4}{40}=\frac{9}{40}$ 的工作量。

3 小时则可完成 $\frac{9}{40}\times 3=\frac{27}{40}$ 的工作量，剩余工作量为

$1-\frac{27}{40}=\frac{40}{40}-\frac{27}{40}=\frac{13}{40}$。

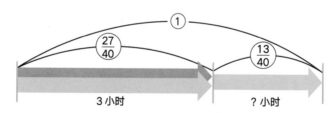

只需计算 "B 需完成的剩余的工作量 ÷ B 在 1 小时完成的工作量"，则可求出 B 完成剩余工作的时间，即

$\frac{13}{40}\div\frac{1}{10}=\frac{13}{40}\times\frac{10}{1}=\frac{13}{4}=3\frac{1}{4}$。

$\frac{1}{4}$ 小时为 $60\times\frac{1}{4}=15$（分钟），

因此，所求时间为 3 小时 15 分钟。

答案　3 小时 15 分钟

12 存在共同部分的图形
（应用篇）

半径 3 厘米的扇形与长方形组合，如下图。

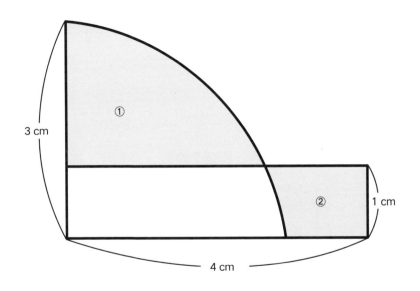

3 cm

①

②

1 cm

4 cm

请问，①与②的面积差是多少？

（设圆周率为 3.14）

解题方法

我们先注意共同部分。

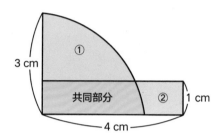

然后，思考①的面积与②的面积之差。

①的面积 − ②的面积 =（①的面积 + 共同部分的面积）−（②的面积 + 共同部分的面积）

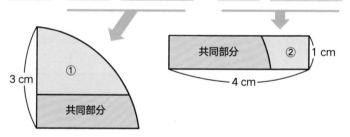

由上图可知①与②的面积之差即扇形与长方形的面积之差。则所求①与②的面积差为

$$3 \times 3 \times 3.14 \times \frac{90°}{360°} - 4 \times 1$$
$$= 7.065 - 4$$
$$= 3.065$$

答案 3.065 平方厘米

平行四边形 ABCD
和长方形 AEFD 组合，如下图。

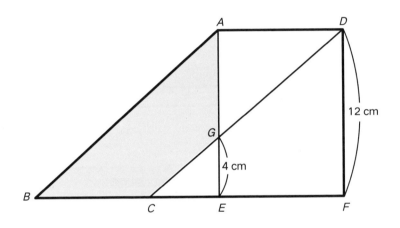

已知梯形 ABCG 的面积为 64 平方厘米。
请问，线段 AD 的长度为多少厘米？

注意平行四边形与长方形的共同部分及其周围部分。平行四边
形与长方形的面积均为线段 AD 的长乘以 12 厘米，因此它们的面积
相等。

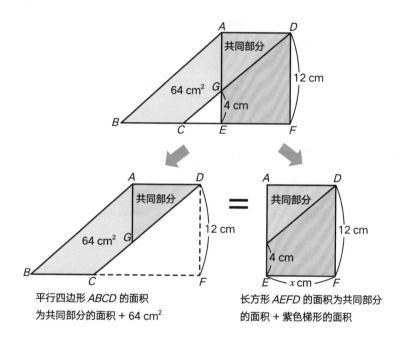

平行四边形 $ABCD$ 的面积
为共同部分的面积 + 64 cm²

长方形 $AEFD$ 的面积为共同部分
的面积 + 紫色梯形的面积

因此，上图左侧的蓝色梯形（面积为 64 平方厘米）与右侧紫色梯
形的面积相等。将 EF 长设为 x 厘米（与 AD 长度相等），则

$$(4+12) \times x \div 2 = 64$$
$$x = 64 \times 2 \div 16$$
$$= 8$$

答案　8 厘米

挑战②

往扇形中放入两个直角三角形，如下图所示。

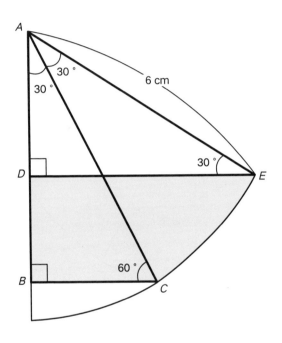

请问，此时蓝色部分的面积是多少？

（设圆周率为 3.14）

提示

三角形 ABC 与三角形 EDA 全等（形状与大小都相同）！

解题方法

三角形 ABC 与三角形 EDA 对应的内角度数相同。此外，边 AC 与边 AE 为同一扇形的半径，长度相同，因此三角形 ABC 与三角形 EDA 全等（无论旋转或反转哪个，都完全重合的图形）。因此，二者面积相等：三角形 ABC 的面积 = 三角形 EDA 的面积。

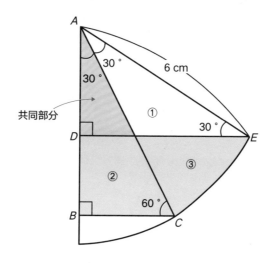

将上述式子分开书写，则

①的面积＋共同部分的面积 = ②的面积＋共同部分的面积，因此，

①的面积 = ②的面积。

因此，蓝色部分面积为

②的面积 + ③的面积 = ①的面积 + ③的面积，

与扇形 ACE 的面积相同。因此蓝色部分面积为

$6 \times 6 \times 3.14 \times \dfrac{30°}{360°} = 9.42$（平方厘米）。

答案　9.42 平方厘米

众人一起工作的计算

现有一份工作，8 个人一起干 12 天可以完成。

现在，最初的 6 天由 10 个人一起来进行，
剩余的部分由 9 个人一起来完成。

仅参加最初的 6 天

请问，剩余部分的工作需要多少天能完成？

假设 1 个人 1 天完成 1 堆的工作量，那么 8 个人在 1 天完成的工作量就是 8 堆，8 个人工作 12 天则完成 8 × 12 = 96（堆）的工作量。

×12 = 96（堆）

10 个人工作 6 天，10 个人 1 天可完成 10 堆工作量，6 天完成 10×6=60（堆）的工作量。

×6 = 60（堆）

即剩余 96−60=36（堆）的工作量。然后，9 个人在 1 天内可完成 9 堆的工作量，因此，需要 36÷9 = 4（天）来结束工作。

此外，"8 个人 12 天"可以说成"总计天数 96 天"，这种计算被称为"总计计算"。

答案　4 天

现有一份工作。如果 1 天工作 9 小时，
7 个人一起做 8 天能完成。

假设最初 1 天工作 4 小时，由 7 个人连续 6 天做这份工作，
剩余部分的工作由 6 个人 1 天工作 7 小时完成。

仅参加最初的 6 天

请问，剩余部分的工作需要多少天能完成？

解题方法

假设 1 人 1 小时完成 1 堆的工作量。

现在 7 个人每天工作 9 小时，连续工作 8 天。那么 7 个人每人每天完成 9 堆的工作量，连续工作 8 天，则完成的总工作量是 $9 \times 7 \times 8 = 504$（堆）。

$\times 7 \times 8 = 504$（堆）

现在 7 个人每天工作 4 小时，因此，7 个人每人每天完成 4 堆的工作量，工作 6 天则完成的工作量是 $4 \times 7 \times 6 = 168$（堆）。

$\times 7 \times 6 = 168$（堆）

剩余的工作量为 $504 - 168 = 336$（堆）。剩余部分的工作由 6 个人每天工作 7 小时完成，则每天能完成 $7 \times 6 = 42$（堆）的工作量。

$\times 6 \times$ 天数 $= 336$（堆）

因此，剩余的工作需要 $336 \div 42 = 8$（天）来完成。

答案　8 天

086

某蛋糕店向临时工委派工作。

5 个临时工工作 6 小时的费用合计为 27000 日元。

6 小时

若委派 4 个临时工工作 8 小时，请问，费用合计是多少钱？

（大家的时薪相同）

8 小时

总费用由"时薪（每小时的费用）× 时间"决定。因此，知道合计时间与合计金额，就会知道时薪。5 个人每人工作 6 小时的合计时间为 $5 \times 6 = 30$（小时）。

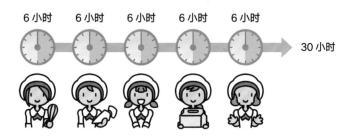

30 小时的费用为 27000 日元，
因此时薪为 $27000 \div 30 = 900$（日元）。

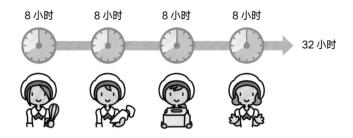

4 个人每人工作 8 小时，合计时间则是 $4 \times 8 = 32$（小时）。
时薪为 900 日元，因此合计费用为 $900 \times 32 = 28800$（日元）。

答案　28800 日元

14 顺行与逆行的计算

某人沿着某条河坐船逆流而上行驶 48 千米，需要 8 小时。

8 小时行驶 48 km

该河流流速为每小时 3 千米。

每小时流速 3 km

请问，某人乘坐相同的船沿着这条河顺流而下行驶 48 千米，需要多少小时？

多少小时行驶 48 km？

提示

如果河流不流动呢？

暂且搁置这个问题。假设有一条船在没有水流动速度的池子内，以每小时 5 千米的速度前进。

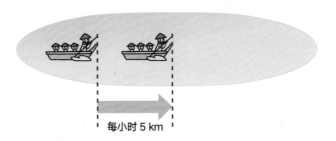

每小时 5 km

然后，假设该船沿着每小时流动 2 千米的河流逆流而上行驶。

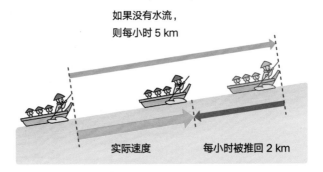

如果没有水流，
则每小时 5 km

实际速度　　　　每小时被推回 2 km

这时，这条船以每小时 5−2=3（千米）的速度行驶，即时速为
3 千米。

接下来，请思考该船顺流而下时的时速吧。还是设河流流速为每小时 2 千米。

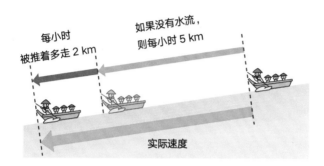

船顺流而下时的时速为 5+2=7（千米）。

如图所述，逆着河流向上时的速度是"船的速度－河流流速"，顺着河流向下时的速度是"船的速度＋河流流速"。这种计算称为"流水计算"。

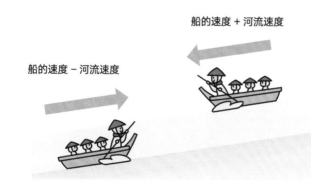

回到本题。

船逆流而上 8 小时前进 48 千米，因此，实际时速为 48÷8 = 6（千米）。

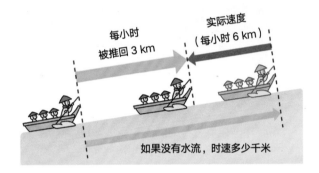

水流时速为 3 千米，因此，没有水流时，船的时速为 6+3=9（千米）。

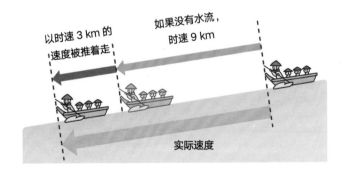

因此，沿着河流顺流而下时的时速为 9+3 = 12（千米）。

行驶 48 千米需要花费 48÷12 = 4（小时）。

答案　4 小时

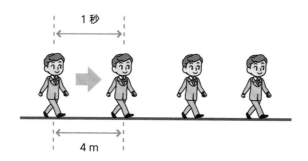

现有一人，行走在普通道路上的速度为每秒 4 米。

然后此人换到了长 120 米的"移动步道"上，

行走方向与步道移动的方向相同时，

只用 20 秒即走完 120 米的移动步道。

请问，移动步道每秒移动的速度为多少米？

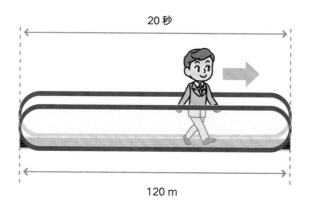

解题方法

"移动步道"也被称为"自动人行道",您是否在大型车站或机场见过呢?站上去后,即便是保持不动,也能够移动,如果行走,那么前进得更快了。

在这个问题里,用 20 秒走完 120 米长的移动步道,因此,实际的秒速为 $120 \div 20 = 6$(米)。

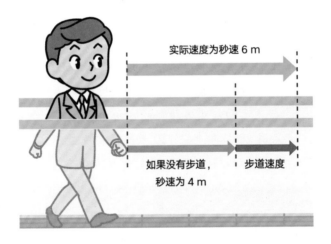

实际速度为秒速 6 m

如果没有步道,秒速为 4 m

步道速度

与船的问题相同,因为行走方向与步道移动的方向相同,"行走速度 + 步道速度 = 实际速度",因此,移动步道的秒速为 $6-4 = 2$(米)。

答案　秒速 2 米

某河流从下游的 A 点到上游的 B 点的距离为 60 千米。
某船沿着这个区间向上游行驶需要 5 小时，
向下游行驶需要 3 小时。

以 5 小时向上行驶完 60 km

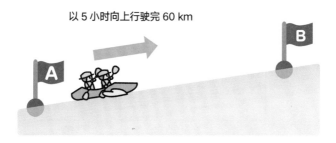

以 3 小时向下行驶完 60 km

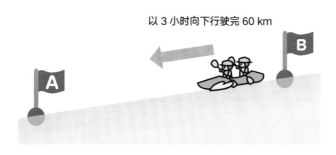

请问，河流流速为每小时多少千米？

解题方法

根据题目条件可知，船向上游行驶的实际时速为 60÷5 = 12（千米），船向下游行驶的实际时速为 60÷3 = 20（千米）。

因为，船向上游行驶的实际速度为"船速 − 河流流速"，船向下游行驶的实际速度为"船速 + 河流流速"。整理成图后，如下所示：

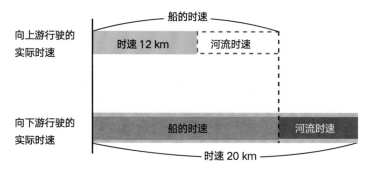

船向下游行驶与向上游行驶的实际时速差为 20−12 = 8（千米），是河流时速的 2 倍。因此，河流时速为 8÷2 = 4（千米）。

进行验算，船的时速为"船向上游行驶的实际时速 + 河流时速"，即 12+4 = 16（千米）。船的时速加上河流时速 4 千米，则完全符合船向下游行驶的实际时速 20 千米。

答案　时速 4 千米

15 运用模拟时钟进行大脑体操

时钟 5 点到 6 点之间，
长针与短针重合是在 5 点多少分？

解题方法

时钟的长针移动速度快，短针移动速度慢。这种类型的题目被称为"时钟计算"。长针与短针重合是指长针追上短针的时候，因此，请先思考各自的移动速度。

长针移动 1 周需要花费 1 小时（60 分钟），即移动 360° 需要 60 分钟。其每分钟移动速度为 $360° \div 60 = 6°$。

短针 1 小时（60 分钟）移动 $360° \div 12 = 30°$。其每分钟移动速度为 $30° \div 60 = 0.5°$。

如右图，5 点整的时候，短针在长针的 150° 位置处。从这种状态开始，长针以每分钟（6-0.5）° 的速度接近短针。

长针追上短针（重合），需要的时间是

$$150 \div (6-0.5) = 150 \div 5.5$$

$$= 150 \div \frac{55}{10}$$

$$= 150 \times \frac{10}{55}$$

$$= \frac{300}{11}$$

$$= 27\frac{3}{11}$$

所以时钟 5 点到 6 点之间，长针与短针重合是在 5 点 $27\frac{3}{11}$ 分钟。

答案　5 点 $27\frac{3}{11}$ 分钟

请问，时钟 2 点与 3 点之间，长针与短针成为一条直线的
时候是在 2 点多少分?

解题方法

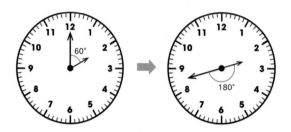

2 点整的时候，短针在长针的 60° 位置处。正如第 15 题所述，长针每分钟比短针移动速度快（6−0.5）°，肯定先追上短针。然后，每分钟还是以比短针快（6−0.5）°的速度前进，领先于短针。然后，形成一条直线，即成为 180°。

总之，每分钟以（6−0.5）°的速度来缩短（60+180）°的差。花费在追赶过程中的时间是

$$（60+180）÷（6−0.5）= 240 ÷ 5.5$$

$$= 240 ÷ \frac{55}{10}$$

$$= 240 × \frac{10}{55}$$

$$= 240 × \frac{2}{11}$$

$$= \frac{480}{11}$$

$$= 43\frac{7}{11}$$

所以时钟 2 点与 3 点之间，长针与短针成为一条直线的时候是 2 点 43$\frac{7}{11}$ 分钟。

答案　2 点 43$\frac{7}{11}$ 分钟

请问，时钟 4 点与 5 点之间，
长针与短针首次形成直角的时间是在 4 点多少分？

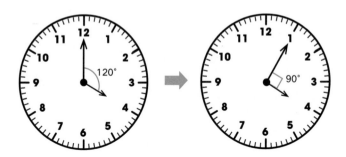

4 点整的时候，长针与短针形成的角度是 120°。首次形成 90° 是指长针以每分钟（6−0.5）° 的速度，合计移动（120−90）° 来靠近短针。

花费在移动过程中的时间是

$$（120-90）÷（6-0.5）= 30÷5.5$$

$$= 30÷\frac{55}{10}$$

$$= 30×\frac{10}{55}$$

$$= 30×\frac{2}{11}$$

$$= \frac{60}{11}$$

$$= 5\frac{5}{11}$$

所以时钟 4 点与 5 点之间，长针与短针首次形成直角的时间是在 4 点 $5\frac{5}{11}$ 分钟。

答案　4 点 $5\frac{5}{11}$ 分钟

16 把直角三角形分成两半

如图，点 O 为直角三角形的斜边中点。
请问，x 的度数是多少？

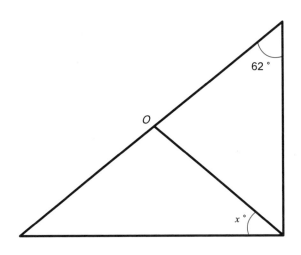

62°

O

$x°$

提示

中点是指正中间的点。正确来讲，
是离两端距离相等的点！

解题方法

在长方形中两条对角线的长度相等，在中点相交。

因此，可知下图黄色三角形为等腰三角形。等腰三角形的两个底角相等，因此左侧底角的度数也为 $x°$。

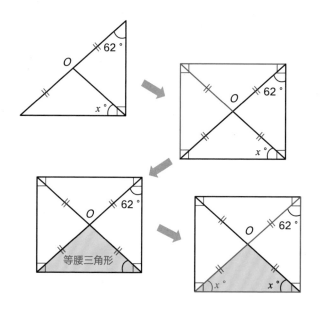

等腰三角形

已知三角形内角和为 $180°$，所以在上图中红线围起来的三角形中，x 的度数为 $180°-90°-62°=28°$。

答案　$28°$

挑战①

如图，O 为直角三角形的斜边中点。
请问，x 的度数是多少？

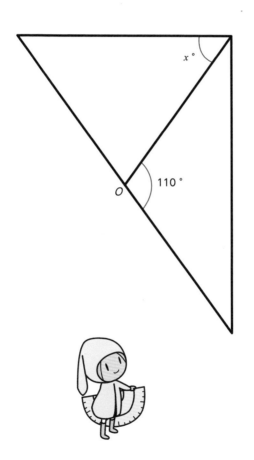

解题方法

直角三角形是长方形的一半，因此，注意 O 为顶点的等腰三角形。

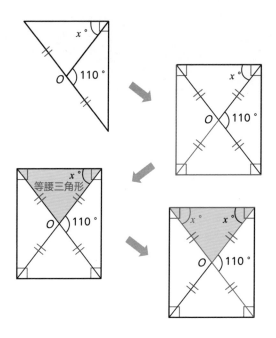

三角形的外角等于与它不相邻的两个内角之和（见第 4 页），则 x 的度数为

$$x° + x° = 110°$$
$$x° × 2 = 110°$$
$$x° = 110° ÷ 2$$
$$= 55°$$

答案　55°

如图，O 为直角三角形的斜边中点。
请问，x 的度数是多少？

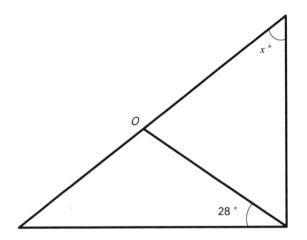

解题方法

与前两个问题相同，注意 O 为顶点的等腰三角形。

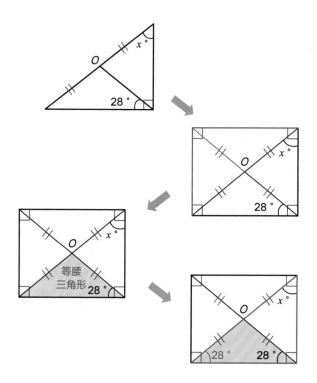

已知三角形内角和为 $180°$ ，所以在上图红线围起来的三角形中，x 的度数为 $180°-90°-28°=62°$ 。

答案　$62°$

108

1 个的价钱是多少?

购买 1 个夹馅面包与 2 个蜜瓜包需花费 260 日元,
购买 2 个夹馅面包与 3 个蜜瓜包需要 430 日元。

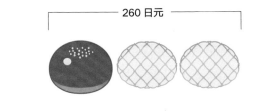

请问,1 个夹馅面包与 1 个蜜瓜包的价格分别是多少?

提示

凑齐某些东西就明白了!

解题方法

对比两种组合，如下图所示：

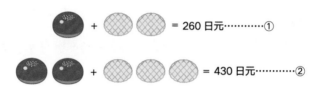

似乎有些零散，不好理解啊。但把①增加至 2 倍，这样两个等式中夹馅面包的个数就凑齐了，即① ×2 与②中夹馅面包个数相同。蜜瓜包为 2×2=4（个），合计金额为 260×2 = 520（日元）。

① ×2 与②相减，1 个蜜瓜包的价格就知道了，即
520−430=90（日元）。这种计算需要消除夹馅面包，因此被称为"消元计算"。

然后将 1 个蜜瓜包的价格代入①，就会得知 1 个夹馅面包的价格加上 90×2（日元）为 260 日元。
即 1 个夹馅面包的价格为

260−90×2=80（日元）。

答案　1 个夹馅面包 80 日元，1 个蜜瓜包 90 日元

现有两种商品 A 与 B。

若购买 2 个 A 与 3 个 B，需花费 1410 日元，

若购买 3 个 A 与 5 个 B，需花费 2280 日元。

购买 2 个 A 购买 3 个 B

— 1410 日元 —

购买 3 个 A 购买 5 个 B

— 2280 日元 —

请问，A 与 B 的单个价格分别为多少？

试着整理两个组合吧。

$A \times 2 + B \times 3 = 1410$（日元）·········①

$A \times 3 + B \times 5 = 2280$（日元）·········②

为了凑齐两个组合中 A 的个数，将①增加至 3 倍，②增加至 2 倍。

$A \times 6 + B \times 9 = 4230$（日元）·········① $\times 3$

$A \times 6 + B \times 10 = 4560$（日元）·········② $\times 2$

① $\times 3$ 与② $\times 2$ 相比较，可知 1 个 B 的价格为
$4560 - 4230 = 330$（日元）。

将得到的 B 的价格代入①，则可知 1 个 A 的价格为
$$A \times 2 + 330 \times 3 = 1410$$
$$A \times 2 = 1410 - 330 \times 3$$
$$A \times 2 = 420$$
$$A = 210$$

答案　A 为 210 日元，B 为 330 日元

挑战②

A 君拿着 3000 日元前往蛋糕店。

如果购买 6 个布丁与 8 个蛋糕，就会差 80 日元。

如果购买 8 个布丁与 6 个蛋糕，就会多出 60 日元。

请问，1 个蛋糕的价格是多少？

一共 3000 日元，"购买 6 个布丁与 8 个蛋糕，就会差 80 日元"，将布丁表述成"布"，蛋糕表述成"蛋"，则整理为

$$布 \times 6 + 蛋 \times 8 = 3000 + 80$$
$$= 3080 \cdots\cdots ①$$

同样的，"购买 8 个布丁与 6 个蛋糕，就会多出 60 日元"，则整理为

$$布 \times 8 + 蛋 \times 6 = 3000 - 60$$
$$= 2940 \cdots\cdots ②$$

在此，为凑齐两组合中布丁的个数，将①增加至 4 倍，将②增加至 3 倍。

$$布 \times 24 + 蛋 \times 32 = 12320（日元）\cdots\cdots ① \times 4$$
$$布 \times 24 + 蛋 \times 18 = 8820（日元）\cdots\cdots ② \times 3$$

① × 4 与② × 3 相比较，就会得知 32 − 18 = 14（个）蛋糕为 12320 − 8820 = 3500（日元）。

所以，1 个蛋糕的价格为 3500 ÷ 14 = 250（日元）。

答案　250 日元

用买 1 个柿子的钱可以购买 2 个橘子。

买 2 个柿子与 3 个橘子共需要 455 日元。

455 日元

 与

请问，柿子与橘子的单价分别为多少？

提示

使用与之前不同的方法来消除柿子！

解题方法

将柿子表述成"柿"，橘子表述成"橘"，则

柿＝橘 ×2·········①
柿 ×2+ 橘 ×3 = 455·········②

将①增加至 2 倍，把柿子的数量凑成 2 个。则

柿 ×2 ＝（橘 ×2）×2
　　　＝橘 ×4·········① ×2

将① ×2 代入②，则

橘 ×4+ 橘 ×3 = 455
　　　橘 ×7 = 455
　　　　　橘 = 65

将橘子的价格代入①，
柿 = 65×2
　 =130

柿子单价为 130 日元，橘子单价为 65 日元

18 通过利润计算进价

现有定价
为 6000 日元的轻便运动鞋。

实际售价以定价扣去 10%，再扣去 120 日元进行出售，
则最后产生的利润为进价的 50%。

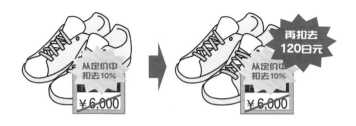

请问，该轻便运动鞋的进价是多少？

解题方法

这种计算被称为"损益计算"。有很多种计算利润的方法，但在损益计算里，单纯的把售价与进价的差额视为利润。即表述为

利润 = 售价 − 进价………①

这道题中，先从售价开始思考吧。定价扣去 10%，即定价 6000 日元的九折，为

$6000 \times (1-0.1) = 6000 \times 0.9$（日元）。

又扣去了 120 日元，因此，实际售价为

$(6000 \times 0.9 - 120)$ 日元………②

将进价设为 x 日元，利润为进价的 50%，即利润为

$x \times 0.5$（日元）………③

将②与③代入①中，则

$$
\begin{array}{ccc}
\text{利润} & \text{售价} & \text{进价} \\
\end{array}
$$

$$x \times 0.5 = 6000 \times 0.9 - 120 - x$$
$$x \times 0.5 + x = 5400 - 120$$
$$x \times 1.5 = 5280$$
$$x = 5280 \div 1.5$$
$$x = 3520$$

答案　3520 日元

按照预估某鞋可获得进价 120% 的利润，对其进行了定价。

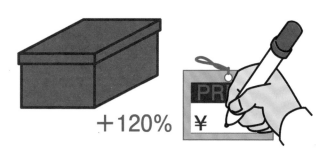

由于该鞋难以售出，

因此，最终从定价中减去 5500 日元来出售。

尽管如此，在售出后仍然获得了进价 10% 的利润。

请问，该鞋子的进价为多少钱？

暂且搁置问题。"预估可获得进价 100% 的利润，对其进行了定价"是指将定价设为进价加进价的 100%，即定价为进价的 2 倍。

现在，我们开始来解题吧。
根据"利润＝售价－进价"的式子，还是将原来的价格，即进价设为 x 日元。

预估可获得进价 120% 的利润，进行了定价，因此定价为 $x \times 2.2$（日元）。接着，售价为从定价中扣除 5500 日元，即（$x \times 2.2 -$ 5500）日元。

利润为进价的 10%，即 $x \times 0.1$（日元）。

最终列式如下：

利润　　　　售价　　　进价
$$\overbrace{x \times 0.1}^{} = \overbrace{x \times 2.2 - 5500}^{} - \overbrace{x}^{}$$
两边同时减去 $x \times 0.1$，

$$x \times 2.2 - 5500 - x - x \times 0.1 = 0$$
$$x \times 1.1 - 5500 = 0$$
$$x \times 1.1 = 5500$$
$$x = 5000$$

答案　5000 日元

挑战②

按照预测购入的闹钟可以获得进价 40% 的利润，
对其进行了定价。

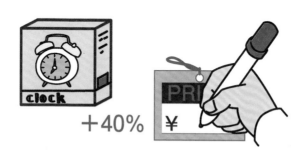

+40%

由于无法出售，因此扣除定价的 15% 来出售。

从定价中
扣除15%

SALE

在售出后获得了 228 日元的利润。
请问，闹钟的进价是多少？

设进价为 x 日元，定价比进价多了 40%，因此定价为
$x \times 1.4$（日元）。

最后售价是从定价中扣除了 15%，因此售价为
售价 = 定价 × （1−0.15）
　　　 = 定价 ×0.85
　　　 = （$x \times 1.4$）×0.85

最终列式如下：

利润　　　售价　　　 进价

$228 = x \times 1.4 \times 0.85 - x$

$228 = x \times 1.19 - x$

$228 = x \times 0.19$

$x = 228 \div 0.19 = 1200$

答案　1200 日元

在初中入学考试中，会发现有预测盈利"10%""20%"等
比例的问题，但现实中很少有店铺这么做。如果销售产品是
服装和杂货，那么进价约为售价的 25%，
即按预测可盈利 300%，对其进行定价。
近些年来，听说有些店在定价方法与销售
方法上下功夫，售价设为定价的 50% 左
右，营造出划算感。

19 重叠三角尺

一组三角尺组合，如下图。

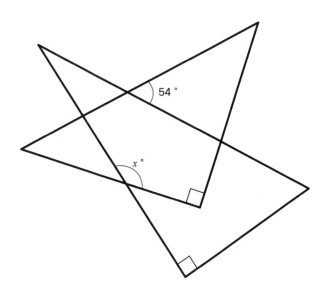

请问，x 的度数是多少？

解题方法

首先填写三角尺的角度，接下来从自己知道的部分开始求解。

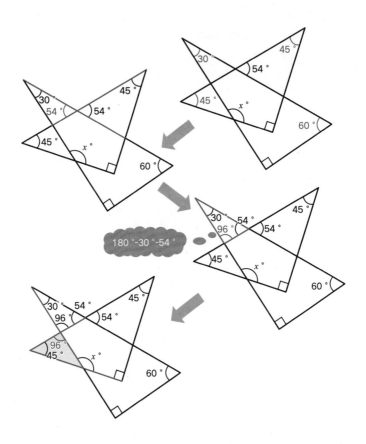

三角形的外角等于与它不相邻的两个内角之和，则

$x° = 96° + 45°$

$= 141°$

挑战

一组三角尺组合，如下图。

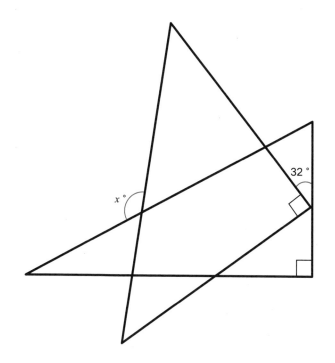

请问，x 的度数是多少？

还是先填写三角尺的角度，接下来从自己知道的部分开始求解。

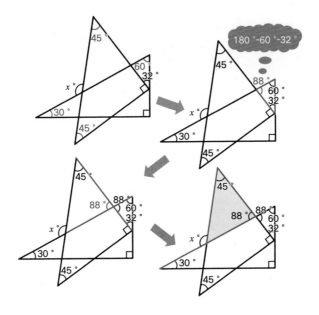

三角形的外角等于与它不相邻的两个内角之和，因此，

$x° = 45° + 88°$

$\quad = 133°$

答案　133°

这类问题非常多。自己用三角尺来设置问题，也算得上是乐趣吧。

20 年龄计算

现在，妈妈 50 岁，女儿 20 岁。

请问，多少年前，妈妈与女儿的年龄比为 3 ：1 ？

解题方法

这种计算被称为"年龄计算"。要点是"年龄差在过去、现在、未来都不会变化"。

这个问题里,妈妈与女儿的年龄差为50−20=30(岁),这一点自女儿出生以来就不会变化。x 年前的年龄比为 3 ∶ 1,则知道了下图内容(只想到一个图就行了)。

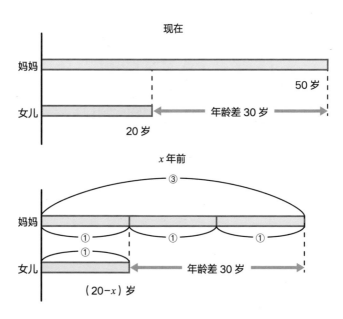

根据上图,x 年前当妈妈与女儿的年龄比为 3 ∶ 1 时,

$20 - x = 30 \div 2$

$20 - x = 15$

$x = 20 - 15$

$= 5$

答案 5 年前

现在，妈妈 33 岁，女儿 10 岁。

请问，多少年后，
妈妈的年龄是女儿年龄的 2 倍?

解题方法

妈妈与女儿的年龄差为 33−10 = 23（岁）。x 年后的年龄比为
2：1，则知道了下图内容（只想到一个图就行了）。

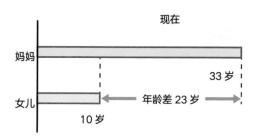

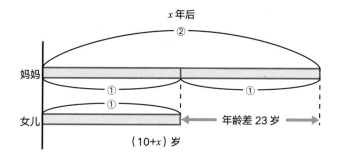

所以，x 年后当妈妈年龄是女儿的 2 倍时，

$$10 + x = 23$$
$$x = 23 - 10$$
$$= 13$$

等积移动计算面积

请问，蓝色部分的面积是多少？

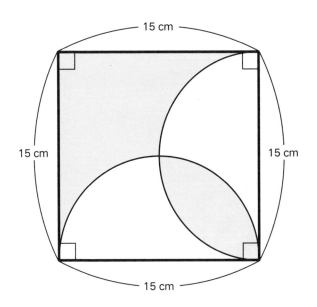

解题方法

试着给该图形画两条辅助线，如下图。

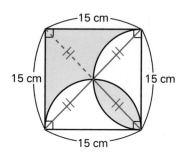

有没有相同的形状呢？按下图移动后，面积相同（这种移动被称为"等积移动"）。

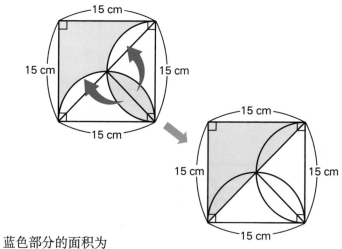

蓝色部分的面积为

$15 \times 15 \div 2 = 112.5$（平方厘米）。

答案　112.5 平方厘米

挑战①

请问，蓝色部分的面积是多少？

（设圆周率为 3.14）

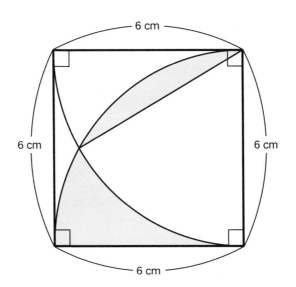

解题方法

如右图画一条辅助线，该线与扇形
半径相等，长为 6 厘米。

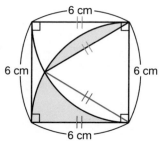

有没有相同的形状呢？按下图来移动。蓝色部分的面积与半径 6
厘米的蓝色扇形面积相同。

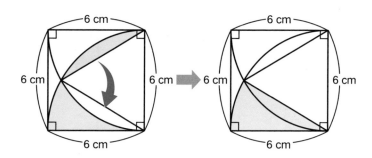

用大扇形的中心角 90° 减去下图粉色正三

角形的内角 60°，

可得蓝色扇形的中心角为

$90° - 60° = 30°$ 。

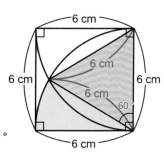

所求面积为

$6 \times 6 \times 3.14 \times \dfrac{30°}{360°} = 9.42$（平方厘米）。

答案　9.42 平方厘米

挑战②

下图中大型半圆的半径为 10 厘米，小型半圆的半径为 6 厘米。
请问，蓝色部分的面积为多少？

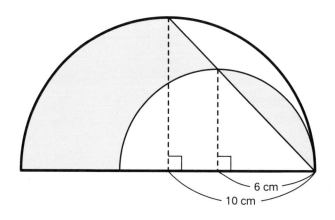

6 cm

10 cm

解题方法

画一条辅助线，移动相同形状，蓝色部分则会变成右下图。

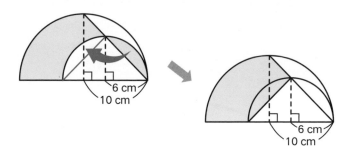

该面积可以通过"加上，再减去"类型（见本书第 43 页）与"分成几部分"类型（见本书第 42 页）的组合方式来求出。

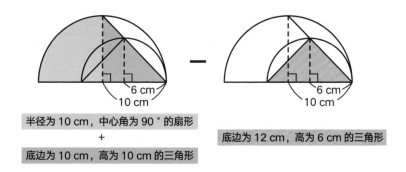

半径为 10 cm，中心角为 90°的扇形
+
底边为 10 cm，高为 10 cm 的三角形

底边为 12 cm，高为 6 cm 的三角形

蓝色部分面积为

$$(10 \times 10 \times 3.14 \times \frac{90°}{360°} + 10 \times 10 \div 2) - 12 \times 6 \div 2$$
$$= (78.5 + 50) - 36$$
$$= 92.5$$

答案　92.5 平方厘米

22 共享顶点的三角形

将三角形分成下图的三部分。

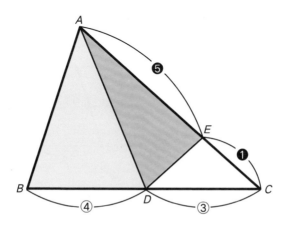

圆圈里的数字表示线段长度比。

请问，三角形 ABD 与三角形 ADE 的面积比为多少？

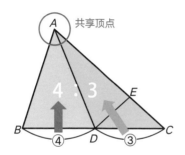
共享顶点

提示

底边在同一条直线上，共享顶点的三角形高度相同，因此"底边比 = 面积比"！

在这类问题中，将小型三角形面积记作 ①，用比来思考剩余三角形面积，就简单了。

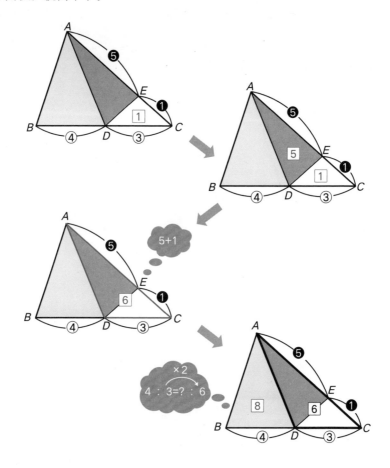

因此，三角形 *ABD* 与三角形 *ADE* 的面积比为 8：5。

答案　8：5

将三角形分成下图的三部分。

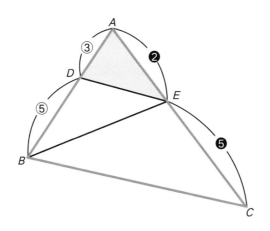

圆圈里的数字表示线段长度比。

请问，三角形 ADE 与三角形 ABC 的面积比为多少？

三角形 *ADE* 较小，若将其记作 ①，就会变成分数计算，会很复杂。将其记作 ③ 来看会比较简单。

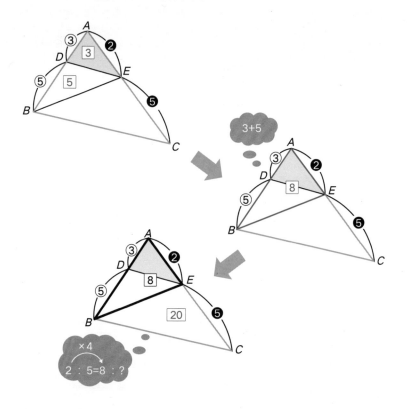

三角形 *ADE* 与 三角形 *ABC* 的面积比为

$3 : (8+20) = 3 : 28$。

谎言与真相的推理

现有红、蓝、黄三面旗子，
A、B、C 三人各自持有一面。
如下图所示，三人在进行对话。

 A："我拿着蓝色旗子。"

 B："我的旗子不是蓝色。"

 C："A 的旗子不是蓝色。"

三人中，只有一人说了真话。
请问，说真话的人是谁？

这种问题被称为"逻辑谜题",是数学谜题的一种。

说真话的只有一人,因此,假设 A 说了真话,假设 B 说了真话……按照顺序来测试。如果话题顺利结束,那该假设就是正确答案。

● 假设只有 A 说了真话,

A:"我拿着蓝色旗子。"→ A 的旗子为蓝色。

B:"我的旗子不是蓝色。"→ B 的旗子为蓝色。

C:"A 的旗子不是蓝色。"→ A 的旗子为蓝色,与"B 的旗子为蓝色"相矛盾。

● 假设只有 B 说了真话,

A:"我拿着蓝色旗子。"→ A 的旗子为红色或黄色。

B:"我的旗子不是蓝色。"→ B 的旗子为红色或黄色。

C:"A 的旗子不是蓝色。"→ A 的旗子为蓝色,与"A 的旗子为红色或黄色"相矛盾。

● 假设只有 C 说了真话,

A:"我拿着蓝色旗子。"→ A 的旗子为红色或黄色。

B:"我的旗子不是蓝色。"→ B 的旗子为蓝色。

C:"A 的旗子不是蓝色。"→ A 的旗子为红色或黄色,与"A 的旗子为红色或黄色"不矛盾。

所以,C 说的是真话。

答案　*C*

在笑话大赛上，A、B、C 三人，
分别获得了最优秀奖（一人）、优秀奖（一人）、
特别奖（一人）中的某一个。
三人就自己的获奖结果作出如下表述。

A："我既没有获得最优秀奖也没有获得特别奖。"
B："我获得了最优秀奖。"
C："我没有获得优秀奖。"

三人中有一人撒了谎。
请问，这三人分别获得了什么奖？

这时也要按照顺序来测试。

● **假设 A 撒了谎,**

A:"我既没有获得最优秀奖也没有获得特别奖。"→ A 获得了最优秀奖或者特别奖。

B:"我获得了最优秀奖。"→ B 获得最优秀奖。

C:"我没有获得优秀奖。"→ C 获得最优秀奖或特别奖。那么最优秀奖获得者不再是一人,产生矛盾。

● **假设 B 撒了谎,**

A:"我既没有获得最优秀奖也没有获得特别奖。"→ A 获得优秀奖。

B:"我获得了最优秀奖。"→ B 获得优秀奖或者特别奖。

C:"我没有获得优秀奖。"→ C 获得最优秀奖或特别奖。当 B 撒谎时,用□圈起来的组合成立。

得知撒谎者是 B,但是慎重起见,也来测试一下 C 吧。

● **假设 C 撒了谎,**

A:"我既没有获得最优秀奖也没有获得特别奖。"→ A 获得优秀奖。

B:"我获得了最优秀奖。"→ B 获得最优秀奖。

C:"我没有获得优秀奖。"→ C 获得优秀奖。那么与优秀奖获得人数是一人相矛盾。

答案　A 为优秀奖,B 为特别奖,C 为最优秀奖

24 物体与物体之间的长度计算

在某池子周围，
以间隔 5 米的距离种树与以间隔 3 米的距离种树，
树木数量相差 30 棵。
请问，该池子周长为多少米？

解题方法

这是"植树计算"的一种。思考一个简单的例子并进行计算，看看它有没有规律性。这个问题中，5 与 3 的最小公倍数为 15，因此思考下周长为 15 米的池子吧。

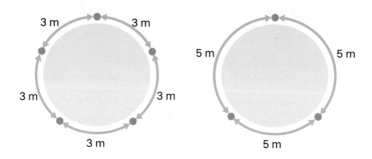

这时树的数量差为（15÷3）－（15÷5）＝2（棵）。

如果是周长为 30 米的池子，则出现（30÷3）－（30÷5）＝4（棵）的差距。基于这个思路，设问题里的池子周长为 x 米，则

$$（x÷3）－（x÷5）=30$$

$$x \times \frac{1}{3} - x \times \frac{1}{5} = 30$$

$$x \times \left(\frac{1}{3} - \frac{1}{5} \right) = 30$$

$$x \times \left(\frac{5}{15} - \frac{3}{15} \right) = 30$$

$$x \times \frac{2}{15} = 30$$

$$x = 30 \div \frac{2}{15}$$

$$= 30 \times \frac{15}{2}$$

$$= 225$$

答案　225 米

如下图，将长 8 厘米的纸带用糨糊粘起来，

两条纸带的连接处长 1 厘米，

最后纸带的整体长度为 204 厘米。

请问，共粘连了几条 8 厘米的纸带？

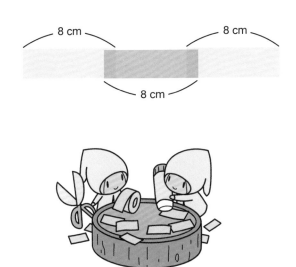

解题方法

从 1 条、2 条……这样的简单情况开始，思考并发现规律性吧。
1 条纸带的时候长度为 8 厘米。

变成 2 条时，则增加（8−1）厘米。长度为（8+7）厘米。

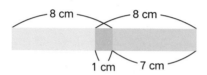

变成 3 条时，长度为（8+7×2）厘米。

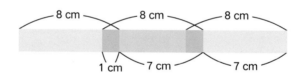

设 x 条时整体长度为 204 厘米，则

$$8 + 7 \times (x-1) = 204$$
$$7 \times (x-1) = 204-8$$
$$7 \times (x-1) = 196$$
$$x-1 = 196 \div 7$$
$$x-1 = 28$$
$$x = 29$$

答案　29 条

现有外径（外侧直径）为7厘米，粗为1厘米的环。

外径 7 cm

粗 1 cm

将 30 个环按照下图所示来连接，
请问，连接后总长度为多少厘米？

解题方法

从连接 1 个环、2 个环……简单的计算开始，思考长度变化的规律性。首先，连接 2 个环如下图。

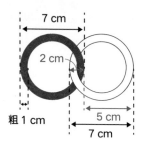

已知红色部分长度，因此总长度为（7+5）厘米。接着，连接 3 个环。

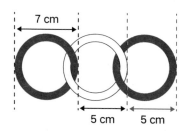

总长度为（7+5×2）厘米。发现规律性了吧。连接 30 个环时，总长度则为

7+5×（30−1）＝152（厘米）。

答案　152 厘米

25 方阵计算

计划将 136 根木桩围绕土地排列。

若将木桩按照下图所示，排成正方形。

请问，这时的正方形一个边有几根木桩？

这种计算称为"方阵计算"。还是先用简单的例子来总结规律吧。测试下一边的木桩根数为 3 根时的情况。

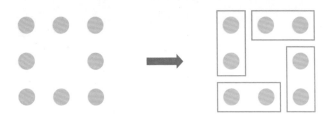

按照上图右侧来计算，就简单了。全部根数为

（3−1）×4=8（根）。

比一边的根数少 1 根的集合有 4 个。同样的，来思考全部木桩根数为 136 根时的情况吧。设一边的木桩根数为 x 根，则

$$(x-1) \times 4 = 136$$
$$x - 1 = 136 \div 4$$
$$x - 1 = 34$$
$$x = 35$$

（x−1）根

（x−1）根

（x−1）根

（x−1）根

答案　35 根

将围棋子按照下图来摆放。

空出中间部分，围成内外两个正方形。

当外侧正方形的一边摆放围棋子的数量为 30 个时，

围棋子共有多少个？

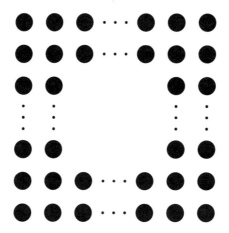

有内外两个正方形，因此，以比上一题多的个数为例开始吧。外侧正方形的一边摆放的围棋子数为 6 个时，则如下图所示。

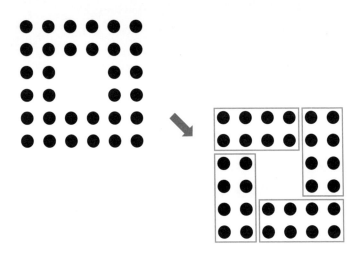

如上图右侧图形所示，有 4 个集合，1 个集合的个数按 (6−2) ×2 来求解。因此，全部个数为（6−2）×2×4=32（个）。

同样的，当外侧正方形的一边摆放的围棋子数为 30 个时，围棋子共有（30−2）×2×4=224（个）。

挑战②

某人将手里的弹珠摆成正方形。

当摆成某种大小的正方形后，还剩下 15 颗弹珠。

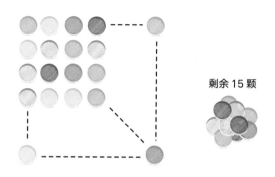

剩余 15 颗

他又买了 12 颗弹珠，

加上剩余的 15 颗弹珠能摆成横纵比原来正方形均多一列的正方形。

请问，原来弹珠一共有多少颗？

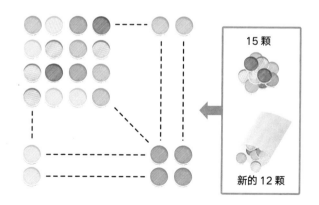

15 颗

新的 12 颗

摆成横纵比原来正方形均多一列的正方形时需要的弹珠数的规律，可以用一个简单案例来总结。

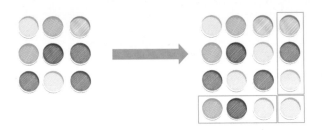

从上图可知，当把一边 3 颗弹珠的正方形变成一边 4 颗弹珠的正方形时，需要的弹珠颗数是（3×2+1）颗。

在这个问题中，为了摆成横纵比原来正方形均多一列的正方形，需要的弹珠颗数是剩余的 15 颗加新买的 12 颗，
即 15+12=27（颗）。

因此，设剩余 15 颗弹珠时摆成的正方形的一边弹珠颗数为 x 颗，

$$x \times 2 + 1 = 27$$
$$x \times 2 = 27 - 1$$
$$x \times 2 = 26$$
$$x = 26 \div 2$$
$$= 13$$

摆成一边 13 颗弹珠的正方形，会余出 15 颗弹珠，因此，原来弹珠数量为 13×13+15=184（颗）。

答案　184 颗

26 翻折图形

如下图沿着对角线翻折长方形。
请问，x 的度数是多少？

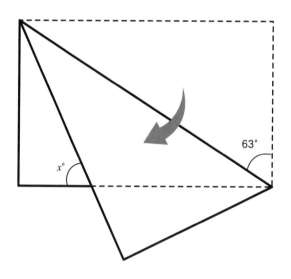

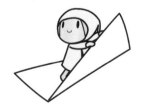

解题方法

翻折过的图形全等，因此，对应的角相等。从知道的部分开始填写吧。

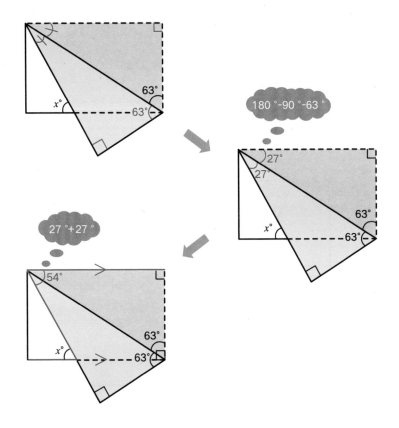

长方形相对的边平行，平行线的错角（斜向角）相等，因此，

$x° = 54°$ 。

如下图翻折长方形。

请问，x 的度数是多少？

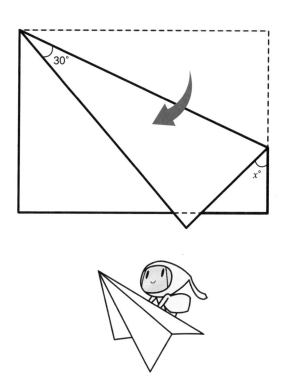

解题方法

翻折的图形还是全等。因此，从已知的部分开始填写吧。

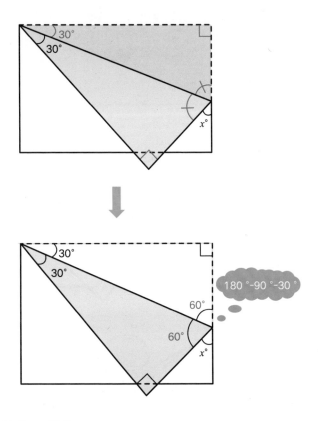

平角为 180°，因此，

$x° = 180° - 60° - 60° = 60°$。

挑战②

如下图翻折正三角形。

请问，x 与 y 的度数分别是多少？

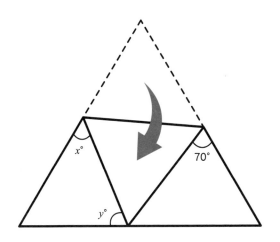

如下图，目前 60°的角有四个。将其填入，从知道的部分开始
求解。

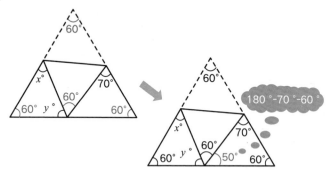

如图，首先能求出 y 的度数。平角为 180°，因此，

$y° = 180° - 60° - 50°$

    $= 70°$

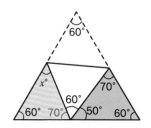

接着，注意左下角的三角形（粉色部分），三角形的内角之和为
180°，已知三角形两个内角的度数，则可知 x 的度数。由于存在
相同角度的三角形（黄绿色部分），因此无须进行计算。x 的度数
为 50°。

答案　x 的度数为 50°，y 的度数为 70°

等积变形

请问，蓝色部分的面积为多少？

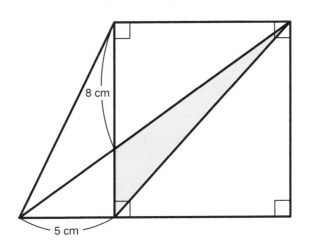

仔细观察该图形。下图用红线围起来的三角形与绿线围起来的三角形共享底边，高相同，即面积相等（这样一类，不改变面积大小，改变形状的做法被称为"等积变形"）。

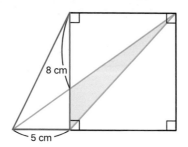

此外，由于存在共同部分，因此下图粉色部分与蓝色部分的面积相等。

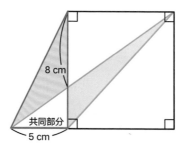

所求蓝色部分的面积与粉色部分的面积相同，为

$8 \times 5 \div 2 = 20$（平方厘米）。

答案　20 平方厘米

挑战①

请求出蓝色部分的面积。

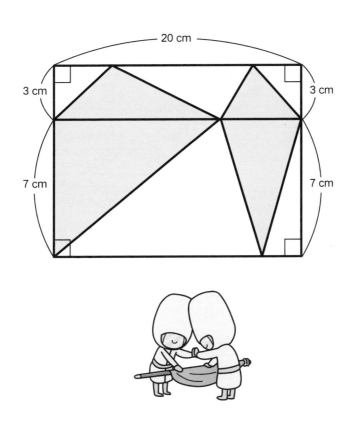

如下图，用红色线围起来的两个三角形与和它们共享底边的两个蓝色三角形面积分别相同，可以通过等积变形计算面积。

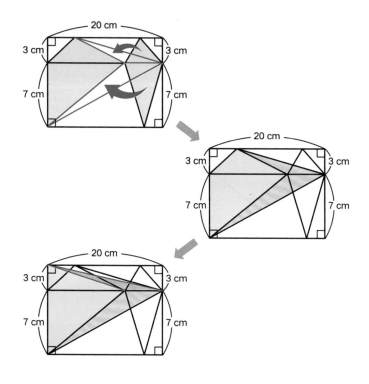

通过上图的等积变形，所求蓝色部分的面积变为最后一张图中涂了颜色部分的面积，为

$(3+7) \times 20 \div 2 = 100$（平方厘米）。

答案　100 平方厘米

请求出蓝色部分的面积。

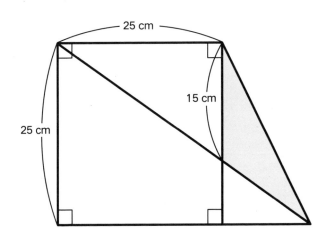

解题方法

在下图画上辅助线，即可轻松解决这个问题。

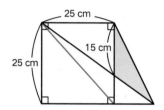

与本书第 164 页相同，下图用红线围起的部分与用绿线围起的部分面积相同，因此可知粉色部分的面积与蓝色部分的面积相同。

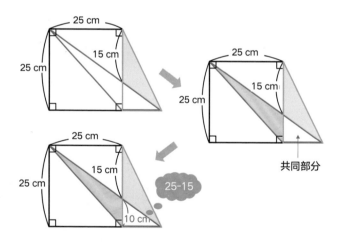

共同部分

25-15

所求蓝色部分的面积为

$$10 \times 25 \div 2 = 125（平方厘米）。$$

答案　125 平方厘米

即刻挑战

现在，姐姐的存款为 9000 日元，
弟弟的存款为 6000 日元。

9000 日元　　　　　　　　　　　6000 日元

接下来，姐姐每个月存 400 日元，弟弟每个月存 600 日元。

每个月 400 日元　　每个月 600 日元

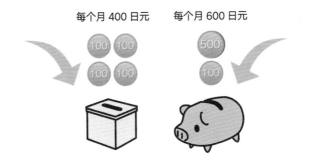

请问，姐姐与弟弟的存款金额将在几个月后相同？

从现在持有的金额看，姐姐比弟弟多 9000–6000=3000（日元）。

接下来，每个月弟弟比姐姐多存一些钱，因此两人的存款金额相同时，弟弟补上了 3000 日元的差额。

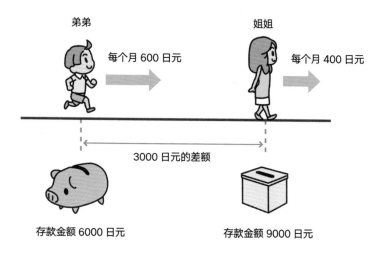

弟弟每个月补上 600–400 = 200（日元）的差额，因此，姐弟俩的存款金额相同需要 3000÷200 = 15（个月）。

答案　15 个月

用 24 克食盐制作浓度为 10% 的食盐水，
请问，需要多少克水？

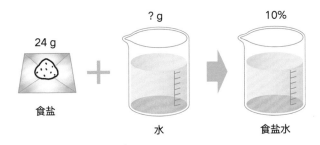

24 g
食盐

? g

10%

水　　　　食盐水

提示

食盐溶于水后很难看得到，
因此很难理解，仅此而已！

解题方法

将问题稍微换个说法，制作好的食盐水中的 10% 为食盐，其含量为 24 克。它们实际混在一起，食盐水的成分如下图所示。

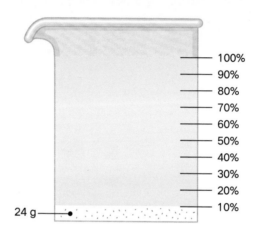

观察上图，已知食盐与水的合计是 24 克的 10 倍，即 240 克。因此，水的重量为（240−24）克。为慎重起见，来转换成式子吧。

设水为 x 克，则

$$(24 + x) \times \frac{10}{100} = 24$$
$$24 + x = 24 \div \frac{10}{100}$$
$$24 + x = 240$$
$$x = 240 - 24$$
$$= 216$$

答案　216 克

两个大小不一的正方形如下图排列。
请求出蓝色部分的面积。

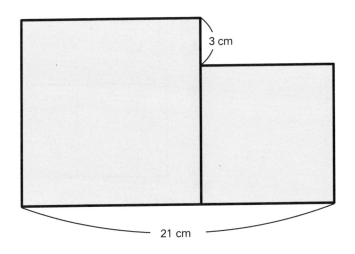

提示

补充某些图形就会懂了!

我们可以画辅助线帮助解题。

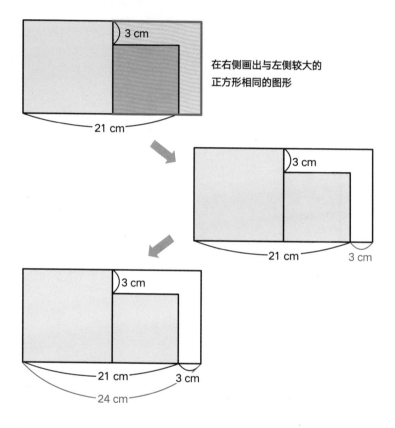

在右侧画出与左侧较大的
正方形相同的图形

由上图可知，较大的正方形的边长为 24÷2=12（厘米）。因此，
较小的正方形的边长为 12−3=9（厘米）。
蓝色部分的面积为
$12 \times 12 + 9 \times 9 = 225$（平方厘米）。

答案　225 平方厘米

某学校男生数量占全体学生数量的 $\frac{3}{7}$。
其中，72 人属于运动部，该数量占男生数量的 $\frac{3}{5}$。

请问，该学校全体学生人数为多少？

解题方法

只看问题，内容显得有些烦琐，如果画出线段图，就能把握情况。

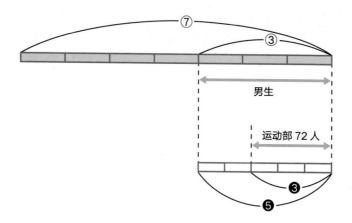

由于不知道全体学生人数，因此设为 x 人。

即男生为 $x \times \dfrac{3}{7}$（人），其中的 $\dfrac{3}{5}$ 属于运动部，为 72 人，则

$$\left(x \times \dfrac{3}{7}\right) \times \dfrac{3}{5} = 72$$

$$x \times \dfrac{9}{35} = 72$$

$$x = 72 \div \dfrac{9}{35}$$

$$= 72 \times \dfrac{35}{9}$$

$$= 280$$

答案　280 人

即刻挑战④

下图的扇形内部加入了正方形，
另外，以该正方形的边长作为半径的
小扇形也在其中。

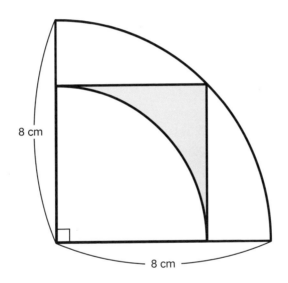

请问，蓝色部分的面积为多少平方厘米?

（设圆周率为 3.14）

如果知道图中正方形的边长，即可很容易求蓝色部分面积，但这似乎很困难。然而，我们能算出正方形的面积。

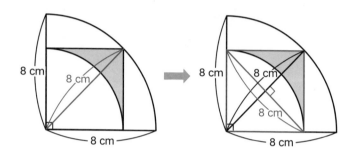

通过上图可知，"对角线的长度 × 对角线的长度 ÷2"即正方形面积，则正方形面积为 $8 \times 8 \div 2 = 32$（平方厘米）。

得到的数值与"正方形边长 × 正方形边长"相等。设正方形边长为 a，则

$a \times a = 32$（平方厘米）………①

蓝色部分的面积为"边长为 a 的正方形面积 - 半径为 a 的扇形面积"，

可以表示为 $a \times a - a \times a \times 3.14 \times \dfrac{90°}{360°}$。将①代入，则所求蓝色部分的面积为

$$32 - 32 \times 3.14 \times \dfrac{90°}{360°} = 6.88（平方厘米）。$$

答案　6.88 平方厘米

书　名：《神奇的逻辑思维游戏书》
作　者：〔日〕索尼国际教育公司
出版社：北京日报出版社
定　价：45.00元

- 日本久负盛名的脑科学专家茂木健一郎氏倾力推荐。

- 日本索尼国际教育为5~13岁儿童精心编制的逻辑思维游戏书。

- 通过55堂思维游戏课激活孩子逻辑脑，为孩子未来学习编程打下良好基础。

- 将生活和逻辑紧密联系在一起，让孩子以简单、科学的方式养成逻辑思维习惯。

- 内容易于孩子理解，每道逻辑思维题后都附有详细图解，帮助孩子了解每道题的思维逻辑。

- 附有相应插图，彩色印刷，让孩子读起来更加亲切、有趣，容易理解较难的知识点。

書　名：《了不起的数学》
作　者：〔日〕永野裕之
出版社：北京日报出版社
定　价：49.80 元

- 日本"数学强劲私塾"校长 永野裕之全新力作！日本数学爱好者人手一册的思维必备读物。

- 20位天才数学家的故事、近40个数学概念、无数个"了不起"之处，永野裕之带你从不同角度体验数学之美。

- 通过本书，你可以认识多元的数学，提高自己解决问题的能力；感受人类历史长河中每次变革背后数学的力量；体味数学家们拼搏创新的故事，了解数学的历史演变；透过大自然、艺术品，感受美背后的数学感性之美。